W0369789

Wissenswertes über Frequenzumrichter

»Wissenswertes über Frequenzumrichter«
© Danfoss A/S
Nachdruck mit Quellenangabe erlaubt
Satz: New Century Schoolbook, DTP
Graphische Gestaltung: Danfoss Werbeabteilung
Druck: Laursen Grafisk
Bindearbeit: Chr. Hendriksen & Søn, Skive

1. Auflage, 3. Ausgabe 1997

Vorwort

Danfoss produziert und vertreibt seit 1968 VLT® Frequenzumrichter für die stufenlose Drehzahlregelung von Drehstrommotoren. Frequenzumrichter heutiger Bauart haben sich gegenüber den Geräten der vergangenen Generation sehr verändert. Mikroprozessoren und integrierte Kreise sind heute Bauteile der Steuerung der Frequenzumrichter, die voll digitalisiert und einfach anpaßbar an spezielle Wünsche der Benutzer und Einrichter sind.

Auch wenn der Grundaufbau der Frequenzumrichter unverändert geblieben ist, meinen wir, daß die Zeit für eine Neuausgabe dieses häufig genutzten Buches gekommen ist.

Mit »Wissenswertes über Frequenzumrichter« möchten wir Ihnen in einfacher Form Frequenzumrichter vorstellen und Sie mit den Vorteilen, der Wirkungsweise sowie dem Einbau und Betrieb bekannt machen. Vorkenntnisse über Frequenzumrichter sind nicht erforderlich. Die Themen setzen lediglich Grundkenntnisse in Elektronik und Mathematik voraus, um die Wirkungsweise von Frequenzumrichtern zu verstehen. Außerdem Grundkenntnisse über Drehstrommotoren.

Der erste Teil des Buches beschreibt die Drehstrommotoren in der Theorie.

Der zweite Teil beschreibt die verschiedenen Prinzipien, nach denen ein Frequenzumrichter aufgebaut und gesteuert sein kann.

Der dritte Teil des Buches beschreibt verschiedene Verhaltensweisen von frequenzumrichterbetriebenen Motoren; wie der Frequenzumrichter den Motor steuert.

Der vierte Teil behandelt die Einwirkungen auf Motor, und Umwelt sowie den Anlagen- und Personenschutz und Auswahlkriterien für Frequenzumrichter.

Wir haben »Wissenswertes über Frequenzumrichter« so verfaßt, daß Sie unabhängig von Ihrem Wissen über Frequenzumrichter Nutzen daraus ziehen können. Wenn Sie Ihre Kenntnisse darüber hinaus noch erweitern möchten, nehmen Sie bitte mit uns Kontakt auf.

Danfoss 1997

Inhaltsverzeichnis

0. Einleitung

Ein statischer Frequenzumrichter ist ein leistungselektronisches Gerät, das die Drehzahl von Drehstrommotoren durch die Umformung der festen Netzspannung und Frequenz in variable Größen stufenlos steuert. Es war ein langer Weg zurückzulegen, von den ersten mit Thyristoren bestückten Frequenzumrichtern, zu den mikroprozessorgesteuerten, digitalen Geräten von heute.

Die Industrie benötigt durch den immer höheren Grad der Automatisation mehr Automatik und ständig höhere Produktionsgeschwindigkeiten. Laufend werden bessere Methoden für noch effektivere Produktionsanlagen entwickelt. Elektromotoren sind ein wichtiges Standardelement in diesen Anlagen. Konstruktiv sind diese Motoren für eine feste Drehzahl ausgelegt und seit vielen Jahren wird an der optimalen Steuerung der Motordrehzahl gearbeitet. Es gibt verschiedene Methoden für die stufenlose Änderung der festen Drehzahl von Drehstrommotoren, wobei teilweise mit Leistungsverlusten oder größeren Investitionen gerechnet werden muß.

Abb. 0.01

Erst mit dem statischen Frequenzumrichter, der nach verschiedenen Prinzipien konstruiert sein kann, lassen sich Drehstrommotoren mit variabler, stufenloser Geschwindigkeit sehr effizient einsetzen.
Die heute überwiegend in der Industrie eingesetzten statischen Frequenzumrichter zur Steuerung oder Regelung der Drehzahl von Drehstrommotoren sind hauptsächlich nach zwei verschiedenen Prinzipien konstruiert (s. Abb. 0.02):

- der Frequenzumrichter ohne Zwischenkreis (auch Direkt-Umrichter genannt) und
- der Frequenzumrichter mit variablem oder konstantem Zwischenkreis.

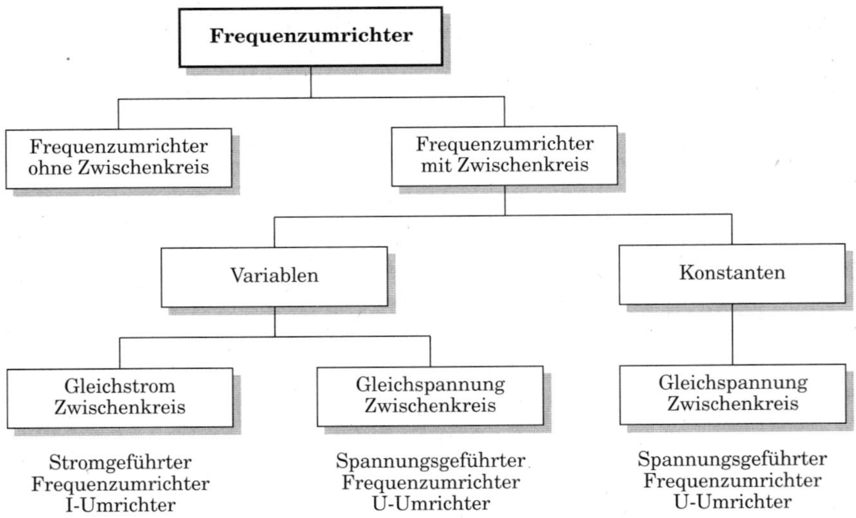

Abb. 0.02 Umrichterverfahren

Bei den Frequenzumrichtern mit Zwischenkreis gibt es entweder einen Gleichstrom- oder einen Gleichspannungszwischenkreis. Diese werden stromgeführter Frequenzumrichter oder spannungsgeführter Frequenzumrichter genannt.

Der Zwischenkreis-Umrichter hat einige Vorteile gegenüber dem Direkt-Umrichter z.B.:

- das bessere Blindleistungsverhalten
- die Entkopplung der Oberschwingungen und
- die Freizügigkeit in der Ausgangsfrequenz. Diese wird nur durch die Steuerung und die Eigenschaften der Bauelemente begrenzt. Frequenzumrichter für hohe Ausgangsfrequenzen sind daher stets Zwischenkreisumrichter.

Von dem Gesamtaufwand her gesehen, ist der Direkt-Umrichter etwas vorteilhafter als der Zwischenkreis-Umrichter. Nachteilig ist z.B. die schlechtere Oberschwingungs-Entkopplung.

Der größte Teil dieser Frequenzumrichter arbeitet mit einem Gleichspannungszwischenkreis. Daher widmet sich dieses Buch schwerpunktmäßig dieser Gruppe.

Vorteile der stufenlosen Geschwindigkeitsänderung

Der frequenzumrichtergesteuerte Drehstrommotor ist heute ein Standard Bauelement in allen automatisierten Anlagen. Neben der Ausnutzung der guten Eigenschaften des Drehstrommotors ist die stufenlose Steuerung der Geschwindigkeit oftmals anlagenbedingt eine Grundvoraussetzung, sie bietet darüber hinaus aber eine Reihe von weiteren Vorteilen.

Energieeinsparung
Energie wird dann gespart, wenn der Motor mit einer Drehzahl entsprechend dem augenblicklichen Bedarf läuft. Dies gilt speziell für Kreiselpumpen- und Lüfterantriebe. Hier geht der Energieverbrauch mit der Drehzahl in der 3. Potenz zurück. Ein Antrieb der mit halber Drehzahl läuft, wird dementsprechend nur 12,5% seiner Nennleistung aufnehmen.

Abb. 0.03 Energiesparung

Prozeßoptimierung
Die Anpassung der Geschwindigkeit an den Produktionsprozeß ergibt mehrere Vorteile. Die Produktion kann gesteigert werden, während Materialverbrauch und Verschleiß zurückgehen und die Ausschußquote gesenkt werden kann.

Schonender Maschinenbetrieb
Die Zahl der Start- und Stoppvorgänge mit voller Drehzahländerung kann drastisch reduziert werden. Durch sanfte Anlauf- und Stopprampen wird somit eine unnötig harte Behandlung der Maschinenteile vermieden.

Geringerer Wartungsaufwand
Der Frequenzumrichter erfordert keine Wartung. Bei Betrieb mit reduzierten Drehzahlen erhöhen sich die Anlagenstandzeiten. Druckstöße, die beim direkten Zuschalten der Pumpenmotore entstehen, entfallen in Wasserversorgungsanlagen, eine Beschädigung der Wasserrohre wird vermieden.

Verbessertes Arbeitsumfeld
Die Geschwindigkeit von Förderbändern kann der geforderten Arbeitsgeschwindigkeit exakt angepaßt werden. Flaschen auf den Förderbändern von Getränkeabfüllanlagen verhalten sich wesentlich geräuschärmer, wenn die Bandgeschwindigkeit bei Stau in der Anlage gesenkt werden kann.
Durch die Anpassung der Drehzahl eines Ventilators lassen sich unnötige akustische Geräusche (Lärm) im Umfeld reduzieren sowie Zuglufterscheinungen vermieden werden.

Abb. 0.04 Verbessertes Arbeitsumfeld

Entlastung der Prozeßsteuerung
Durch intelligente Frequenzumrichter können Teilaufgaben aus freiprogrammierbaren Steuerungen dezentral vor Ort in der Antriebseinheit gelöst werden. Kleinere Regelungs- und Überwachungsaufgaben können am Antrieb selbst gelöst werden, dadurch benötigt die zentrale Steuerung weniger Speicherplatz, sie kann kleiner und auch schneller werden.

Steuern oder Regeln?

Die Wörter Steuerung und Regelung werden oftmals nach Belieben verwendet. Die Entwicklung in der Automatisierungs- und Antriebstechnik macht es erforderlich, die Bedeutung der beiden Ausdrücke klar zu unterscheiden.

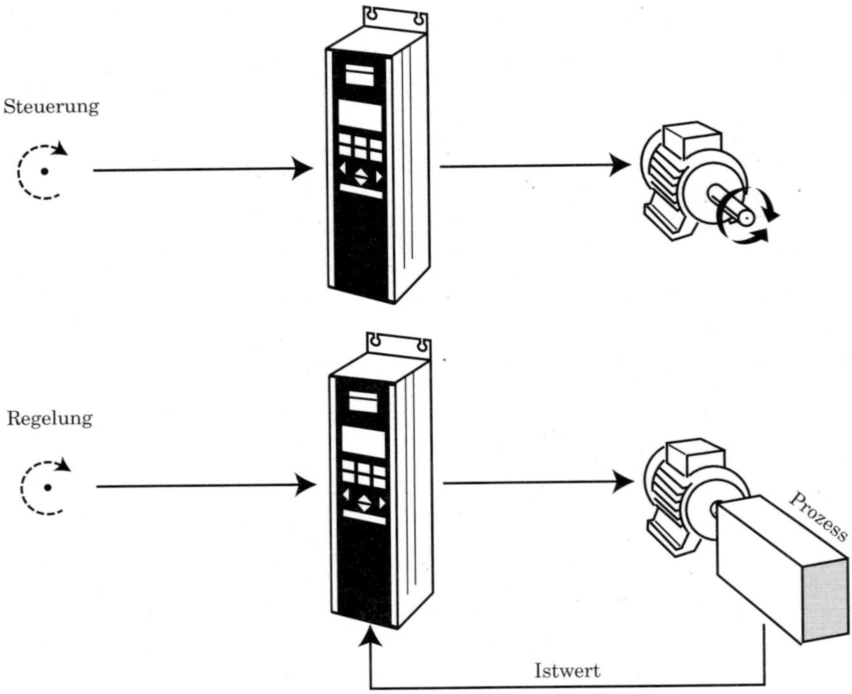

Abb. 0.05 Unterscheidung zwischen Steuern und Regeln

Der Aufbau einer Anlage entscheidet, ob eine Steuerung oder Regelung vorliegt. Steuern bedeutet, dem Antrieb ein Signal vorzugeben, von dem erwartet wird, daß es die gewünschte Drehzahl innerhalb zulässiger Grenzen ergibt. Regeln bedeutet, daß von dem Prozeß ein Istwertsignal zurückgemeldet wird, welches analog der aktuellen Drehzahl ist. Entsteht eine Differenz zu der geforderten Sollwertvorgabe, wird das System automatisch nachgeregelt bis die gewünschte Drehzahl vorliegt.

1. Drehstrommotor

Der erste Elektromotor, ein Gleichstrommotor, wurde 1833 gebaut. Die Geschwindigkeitsregelung dieses Motors ist einfach und erfüllt die Forderungen der vielen verschiedenen Anlagentypen.

1889 wurde der erste Drehstrommotor konstruiert. Verglichen mit dem Gleichstrommotor ist dieser wesentlich einfacher und robuster. Drehstrommotoren haben jedoch eine feste Drehzahl und Momentcharakteristik. Daher waren sie lange Zeit für verschiedene spezielle Anlagen nicht einsetzbar. Drehstrommotoren sind elektromagnetische Energieumformer. Sie wandeln elektrische Energie in mechanische Energie (motorisch) und umgekehrt (generatorisch) mittels der elektromagnetischen Induktion um.

Das Prinzip der elektromagnetischen Induktion:
In einem quer durch ein Magnetfeld (B) bewegten Leiter wird eine Spannung induziert. Ist der Leiter in einem geschlossenen Stromkreis, fließt ein Strom (I). Auf den bewegten Leiter wirkt eine Kraft (F) senkrecht zum Magnetfeld und zum Leiter.

a) Generatorprinzip (Induktion durch Bewegung)
Beim Generatorprinzip erzeugen Magnetfeld und Bewegung eines Leiters eine Spannung (Abb.1.01a).

b) Motorprinzip
In Motoren wird das Induktionsprinzip in »umgekehrter Reihenfolge« verwendet: Ein stromführender Leiter wird in einem

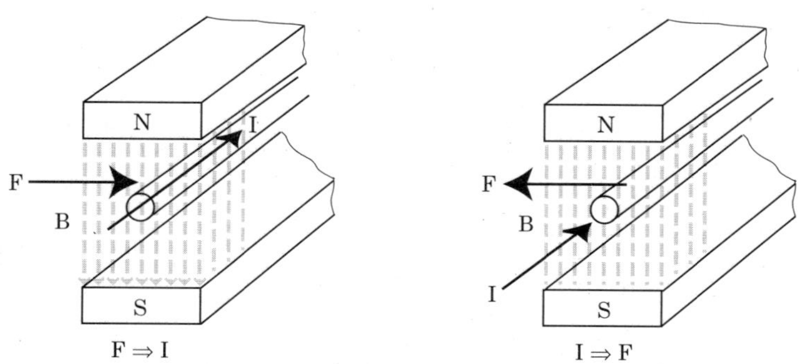

a) Generator Prinzip *b) Motorprinzip*

Abb. 1.01 Prinzip der elektromagnetischen Induktion

Magnetfeld angeordnet. Der Leiter wird dann von einer Kraft (F) beeinflußt, die versucht, den Leiter aus dem Magnetfeld zu bewegen.
Beim Motorprinzip erzeugen Magnetfeld und stromdurchflossener Leiter Bewegung (Abb. 1.01b).

Das Magnetfeld wird im Motor im feststehenden Teil (Stator) erzeugt. Die Leiter, die von den elektromagnetischen Kräften beeinflußt werden, befinden sich im rotierenden Teil (Rotor). Die Drehstrommotoren unterteilen sich in die beiden Hauptgruppen asynchrone und synchrone Motoren.

Bei beiden Motoren ist die Wirkungsweise der Statoren im Prinzip gleich. Der Unterschied liegt im Rotor. Hier entscheidet die Bauweise und wie sich der Rotor im Verhältnis zum Magnetfeld bewegt. Synchron bedeutet »gleichzeitig« oder »gleich«, und asynchron »nicht gleichzeitig« oder »nicht gleich«. Mit anderen Worten sind die Drehzahlen vom Rotor und Magnetfeld gleich oder unterschiedlich.

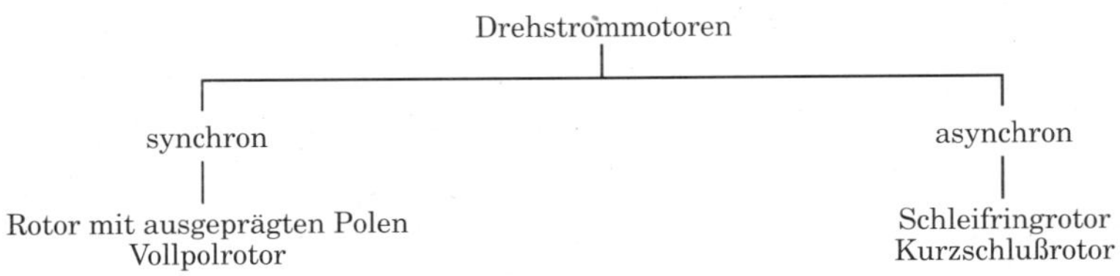

Abb. 1.02 Unterteilung: Drehstrommotoren

Asynchronmotor

Der Asynchronmotor ist der meistverbreitete Motor. Er erfordert fast keine Instandhaltung. Der mechanische Aufbau ist genormt, damit ein geeigneter Lieferant immer schnell verfügbar ist. Es gibt mehrere Typen von Asynchronmotoren, die jedoch alle nach dem gleichen Grundprinzip arbeiten.

Die beiden Hauptbauteile des Asynchronmotors sind Stator (Ständer) und Rotor (Läufer).

Stator (Ständer)

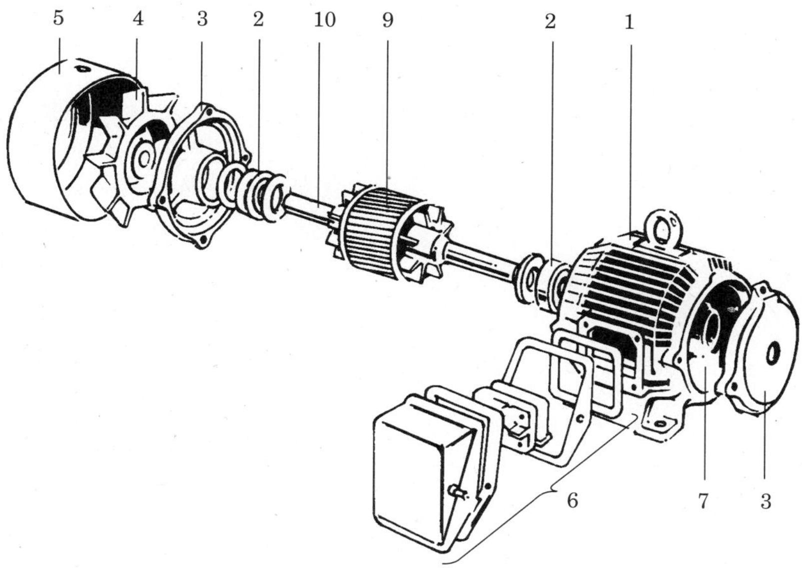

Abb. 1.03 Der Aufbau des Asynchronmotors

Der Stator ist ein Teil des feststehenden Motors. Der Stator besteht aus Statorgehäuse (1), Kugellagern (2), die den Rotor (9) tragen, Lagerböcken (3) für die Anordnung der Lager und als Abschluß für das Statorgehäuse, Ventilator (4) für die Motorkühlung und Ventilatorkappe (5) als Schutz gegen den rotierenden Ventilator. Auf der Seite des Statorgehäuses sitzt ein Kasten für den elektrischen Anschluß (6).

Im Statorgehäuse befindet sich ein Eisenkern (7) aus dünnen, 0,3 bis 0,5 mm starken Eisenblechen. Die Eisenbleche haben Ausstanzungen für die drei Phasenwicklungen.

Die Phasenwicklungen und der Statorkern erzeugen das Magnetfeld. Die Anzahl der Polpaare (oder Pole) bestimmt die Geschwindigkeit, mit der das Magnetfeld rotiert. Wenn ein Motor an seine Nennfrequenz angeschlossen ist, wird die Drehzahl des Magnetfeldes als synchrone Drehzahl (n_0) des Motors bezeichnet.

Polpaar (p)	1	2	3	4	6
Polzahl	2	4	6	8	12
n_0 [1/min]	3000	1500	1000	750	500

Tabelle 1.01 Polpaar (p) bzw. Polzahl und synchrone Drehzahl des Motors

Magnetfeld

Das Magnetfeld rotiert im Luftspalt zwischen Stator und Rotor. Nach Anschluß einer der Phasenwicklungen an eine Phase der Versorgungsspannung wird ein Magnetfeld induziert.

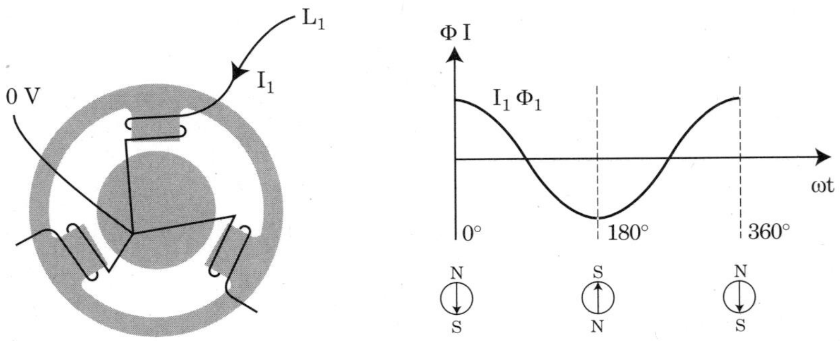

Abb. 1.04 Eine Phase ergibt ein Wechselfeld

Die Anordnung dieses Magnetfeldes im Statorkern ist fest, aber die Richtung ändert sich. Die Geschwindigkeit, mit der die Richtung sich ändert, wird von der Frequenz der Versorgungsspannung bestimmt. Bei einer Frequenz von 50 Hz ändert das Wechselfeld die Richtung 50 mal in jeder Sekunde.

Beim Anschluß von zwei Phasenwicklungen gleichzeitig an die jeweilige Phase werden zwei Magnetfelder im Statorkern induziert. In einem zweipoligen Motor ist das eine Feld 120 Grad im Verhältnis zum anderen verschoben. Die Maximalwerte der Felder sind auch zeitmäßig verschoben.

Hiermit entsteht ein Magnetfeld, das im Stator rotiert. Das Feld ist jedoch sehr asymmetrisch, bis die dritte Phase angeschlossen wird.

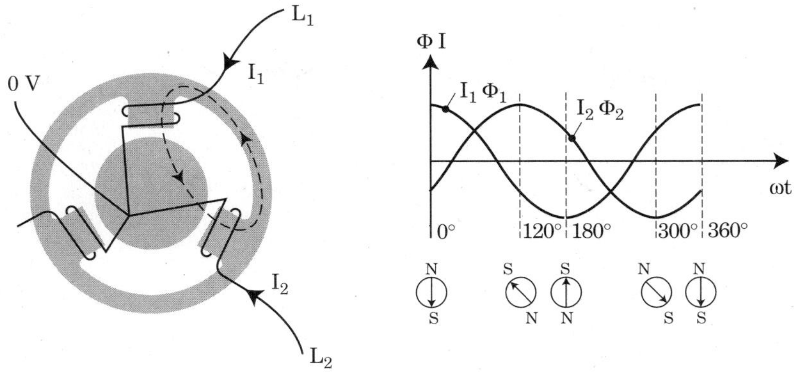

Abb. 1.05 Zwei Phasen ergeben ein asymmetrisches Drehfeld

Nach Anschluß der dritten Phase gibt es drei Magnetfelder im Statorkern. Zeitmäßig sind die drei Phasen 120 Grad im Verhältnis zueinander verschoben.

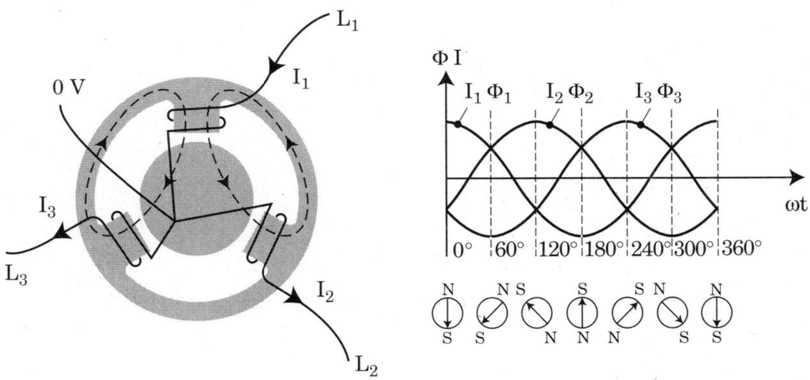

Abb. 1.06 Drei Phasen ergeben ein symmetrisches Drehfeld

Der Stator ist nun an die dreiphasige Versorgungsspannung angeschlossen. Die Magnetfelder der einzelnen Phasenwicklungen bilden ein symmetrisches und rotierendes Magnetfeld. Dieses Magnetfeld wird als Drehfeld des Motors bezeichnet.

Die Amplitude des Drehfeldes ist konstant und beträgt das 1,5fache vom Maximalwert der Wechselfelder. Dies rotiert mit der Geschwindigkeit

$$n_0 = \frac{(f \times 60)}{p} \ [1/\text{min}]$$

f = Frequenz
n_0 = Synchrondrehzahl
p = Polpaarzahl

Die Geschwindigkeit ist somit von der Polpaarzahl (p) und der Frequenz (f) der Versorgungsspannung abhängig. Die untenstehende Abbildung zeigt die Größe der magnetischen Felder (Φ) zu drei verschiedenen Zeiten.

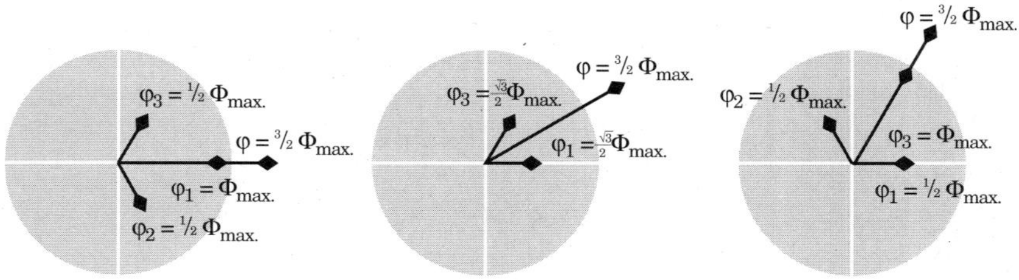

Abb. 1.07 Die Größe des Magnetfeldes ist konstant

Bei der Abbildung des Drehfeldes mit einem Vektor und einer entsprechenden Winkelgeschwindigkeit beschreibt dies einen Kreis. Als Funktion der Zeit in einem Koordinatensystem beschreibt das Drehfeld eine Sinuskurve. Das Drehfeld wird elliptisch, wenn sich die Amplitude während einer Umdrehung ändert.

Rotor (Läufer)

Der Rotor (9) ist auf der Motorwelle (10) montiert (siehe Abb. 1.03). Der Rotor wird wie der Stator aus dünnen Eisenblechen mit ausgestanzten Schlitzen gefertigt. Der Rotor kann ein Schleifringrotor oder ein Kurzschlußrotor sein. Sie unterscheiden sich dadurch, daß die Wicklungen in den Schlitzen unterschiedlich sind.

Der Schleifringrotor besteht wie der Stator aus gewickelten Spulen, die in den Schlitzen liegen. Es gibt Spulen für jede Phase, die an die Schleifringe geführt werden. Nach Kurzschluß der Schleifringe arbeitet der Rotor wie ein Kurzschlußrotor.

Der Kurzschlußrotor hat in den Schlitzen eingegossene Aluminiumstäbe. An jedem Ende des Rotors erfolgt ein Kurzschluß der Stäbe über einen Aluminiumring.

Der Kurzschlußrotor wird am häufigsten verwendet. Da beide Rotoren im Prinzip die gleiche Wirkungsweise haben, wird im folgenden nur der Kurzschlußrotor beschrieben.

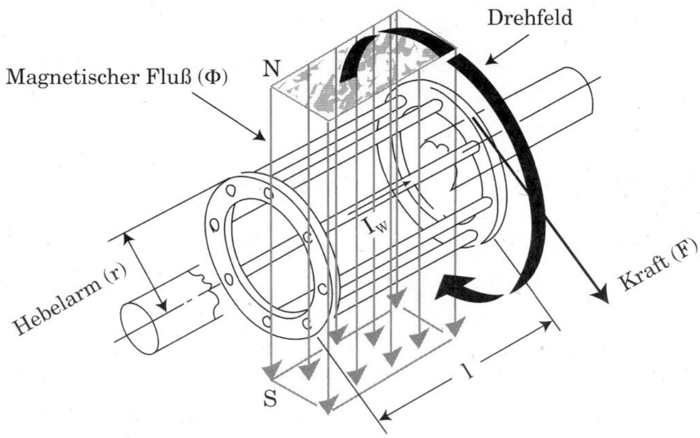

Abb. 1.08 Drehfeld und Kurzschlußrotor

Bei Anordnung eines Rotorstabes im Drehfeld wird dieser von einem magnetischen Pol durchwandert. Das Magnetfeld des Pols induziert einen Strom (I_W) im Rotorstab, der nun durch eine Kraft (F) beeinflußt wird (s. Abb. 1.08 und 1.09a). Diese Kraft wird durch die Flußdichte (B), den induzierten Strom (I_W), die Länge (l) des Rotors sowie die Phasenlage (θ) zwischen der Kraft und Flußdichte bestimmt

$F = B \times I_W \times l \times \sin\theta$

Nimmt man an daß $\theta = 90°$ ist, dann ist die Kraft

$F = B \times I_W \times l$ 1.01

Der nächste Pol, der den Rotorstab durchwandert, hat die entgegengesetzte Polarität. Dieser induziert einen Strom in die entgegengesetzte Richtung. Da sich aber die Richtung des Magnetfeldes auch geändert hat, wirkt die Kraft in die gleiche Richtung wie zuvor (Abb. 1.09b).
Bei Anordnung des ganzen Rotors im Drehfeld (s. Abb. 1.09c) werden die Rotorstäbe von Kräften beeinflußt, die den Rotor drehen. Die Drehzahl (2) des Rotors erreicht nicht die des Drehfeldes (1), da bei gleicher Drehzahl keine Ströme in den Rotorstäben induziert werden.

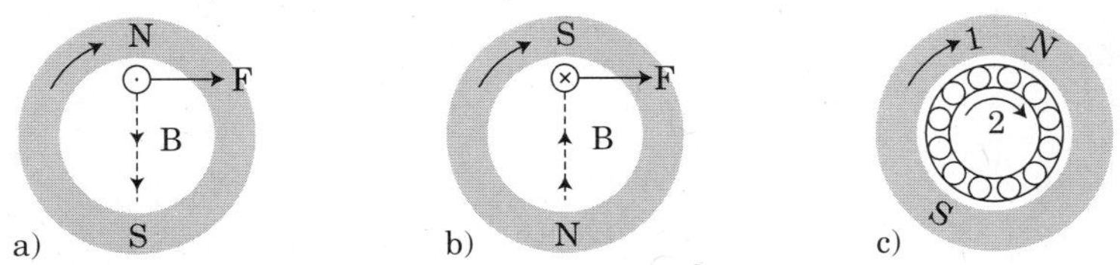

Abb. 1.09 Induktion in den Rotorstäben

Schlupf, Moment und Drehzahl

Die Drehzahl n_n des Rotors ist unter normalen Umständen etwas niedriger als die Drehzahl n_0 des Drehfelds.

$n_0 = \frac{(f \times 60)}{p}$ [1/min]   p = Polpaar des Motors

Der Schlupf s ist der Unterschied zwischen den Geschwindigkeiten des Drehfeldes und des Rotors:

$s = n_0 - n_n$

Der Schlupf wird häufig in Prozent der synchronen Drehzahl angegeben:

$s = \frac{n_0 - n_n}{n_0} \times 100[\%]$

Normalerweise liegt der Schlupf zwischen 4 und 11 Prozent. Die Flußdichte (B) ist definiert als der Fluß (Φ) pro Querschnitt (A). Damit ergibt sich aus der Gleichung 1.01 die Kraft

$$F = \frac{\Phi \times I_W \times l}{A} \quad \text{.......... 1.02}$$

$F \sim \Phi \times I_W$

Die Kraft, mit der sich der stromführende Leiter bewegt, ist proportional zum magnetischen Fluß (Φ) und der Stromstärke (I_W) im Leiter.

In den Rotorstäben wird durch das Magnetfeld eine Spannung induziert. Diese Spannung läßt in den kurzgeschlossenen Rotorstäben einen Strom (I_W) fließen. Die einzelnen Kräfte der Rotorstäbe werden zusammen zu dem Drehmoment M auf der Motorwelle.

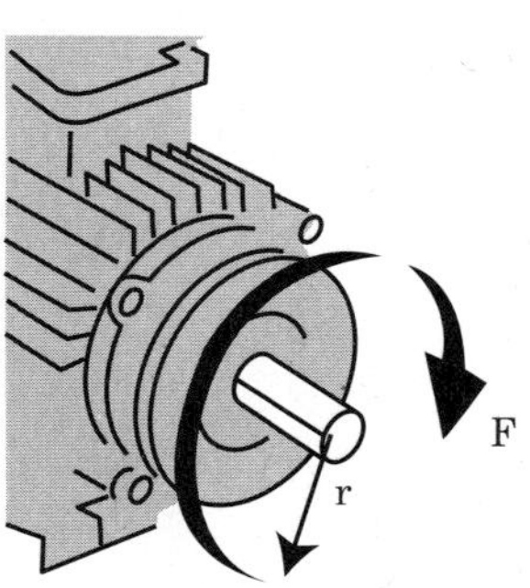

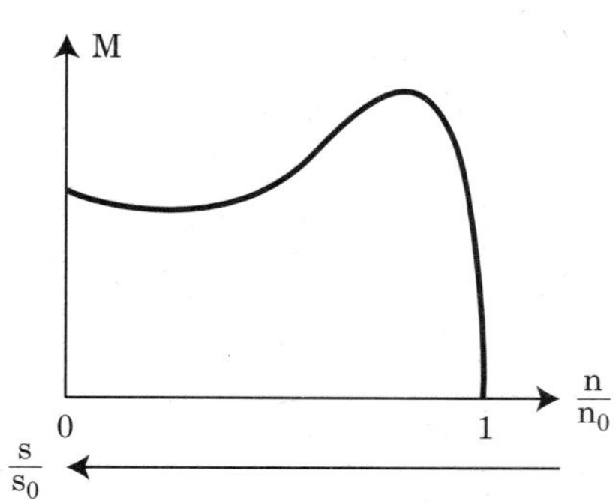

Abb. 1.10 Das Motormoment ist »Kraft mal Hebelarm«

Die Zusammenhänge zwischen Motormoment und Drehzahl haben einen charakteristischen Verlauf. Der Verlauf variiert jedoch nach der Schlitzform im Rotor.

Das Moment des Motors, Drehmoment, gibt die Kraft oder das »Drehen« an, das an der Motorwelle entsteht.

Die Kraft entsteht beispielsweise am Umfang eines Schwungrades, das auf der Welle montiert ist. Mit den Bezeichnungen für die Kraft (F) und für den Radius (r) des Schwungrades ist das Moment des Motors $M = F \times r$.

Die vom Motor ausgeführte Arbeit ist: $W = F \times d$.

d ist die Strecke, die ein Motor eine gegebene Belastung zieht, und n ist die Anzahl der Umdrehungen: $d = n \times 2 \times \pi \times r$.

Arbeit kann auch als Leistung mal die Zeit, in der die Leistung wirkt, beschrieben werden: $W = P \times t$.

Das Moment ist somit:

$$M = F \times r = \frac{W}{d} \times r = \frac{(P \times t \times r)}{n \times 2\,\pi \times r}$$

$$M = \frac{P \times 9550}{n} \; (t = 60 \text{ sek.})$$

Die Formel zeigt den Zusammenhang zwischen Drehzahl n [Umdr/min], Moment M [Nm] und der vom Motor abgegebene Leistung P [kW].

Bei Betrachtung von n, M und P im Verhältnis zu den entsprechenden Werten in einem bestimmten Arbeitspunkt (n_r, M_r und P_r) ermöglicht die Formel einen schnellen Überblick. Der Arbeitspunkt ist in der Regel der Nennbetriebspunkt des Motors und die Formel kann wie folgt umgeschrieben werden:

$$M_r = \frac{P_r}{n_r} \text{ und zu } P_r = M_r \times n_r,$$

$$\text{wobei } M_r = \frac{M}{M_n}, \quad P_r = \frac{P}{P_n} \quad \text{und} \quad n_r = \frac{n}{n_n}$$

Die Konstante 9550 entfällt in dieser Verhältnisrechnung.

Beispiel:
Belastung = 15% des Nennwerts, Drehzahl = 50% des Nennwerts. Die abgegebene Leistung wird 7,5% der abgegebenen Nennleistung, da $P_r = 0{,}15 \times 0{,}50 = 0{,}075$

Neben dem normalen Betriebsbereich des Motors gibt es zwei Bremsbereiche.

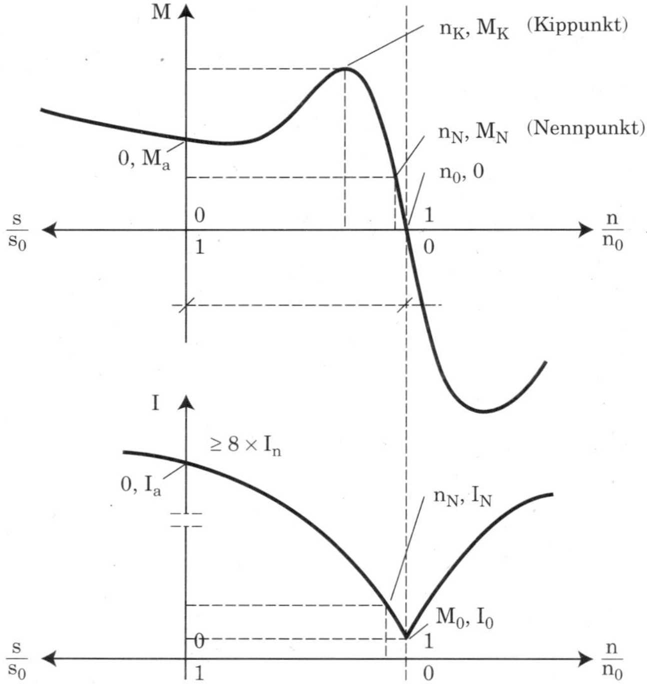

Abb. 1.11 Strom- und Momentencharakteristik des Motors

Im Bereich $\frac{n}{n_0} > 1$ wird der Motor von der Belastung über die synchrone Drehzahl gezogen. Hier arbeitet der Motor als Generator. Der Motor erzeugt in diesem Bereich ein Gegenmoment und gibt gleichzeitig Leistung zurück ins Versorgungsnetz.

Im Bereich $\frac{n}{n_0} < 0$ wird das Bremsen als Gegenstrombremsung bezeichnet.

Wenn plötzlich zwei Phasen eines Motor vertauscht werden, ändert das Drehfeld die Laufrichtung. Unmittelbar danach wird das Drehzahlverhältnis $\frac{n}{n_0} = 1$ sein.

Der Motor, der vorher mit dem Moment M belastet war, bremst nun mit einem Bremsmoment. Wenn der Motor nicht bei n = 0 ausgeschaltet wird, läuft der Motor weiter in der neuen Drehrichtung des Drehfelds.

Im Bereich $0 < \frac{n}{n_0} < 1$ wird der Motor in seinem normalen Arbeitsbereich betrieben.

Der Motorbetriebsbereich läßt sich in zwei Bereiche unterteilen:

Anlaufbereich $0 < \frac{n}{n_0} < \frac{n_k}{n_0}$ und Betriebsbereich $\frac{n_k}{n_0} < \frac{n}{n_0} < 1$

Es gibt einige wichtige Punkte im Arbeitsbereich des Motors:

M_a ist das Startmoment des Motors. Es ist das Moment, das der Motor aufbaut, wenn im Stillstand Nennspannung und Nennfrequenz angelegt werden.

M_k ist das Kippmoment des Motors. Es ist das größte Moment, das der Motor leisten kann, wenn Nennspannung und Nennfrequenz anliegen.

M_N ist das FF des Motors. Die Nennwerte des Motors sind die mechanischen und elektrischen Größen, für die der Motor nach der Norm IEC 34 konstruiert wurde. Diese sind auf dem Typenschild des Motors angegeben und werden auch als Typenwerte und Typendaten des Motors bezeichnet. Die Nennwerte des Motors geben an, wo der optimale Betriebspunkt des Motors bei direktem Anschluß an das Versorgungsnetz liegt.

Wirkungsgrad und Verlust

Der Motor nimmt eine elektrische Leistung aus dem Versorgungsnetz auf. Diese Leistung ist bei einer konstanten Belastung größer als die mechanische Leistung, die der Motor an der Welle abgeben kann. Ursache hierfür sind verschiedene Verluste im Motor. Das Verhältnis zwischen der abgegebenen und der aufgenommenen Leistung ist der Motorwirkungsgrad η

$$\eta = \frac{P_2}{P_1} = \frac{\text{abgegebene Leistung}}{\text{aufgenommene Leistung}}$$

Der typische Wirkungsgrad eines Motors liegt zwischen 0,7 und 0,9 je nach Motorgröße und Polzahl.

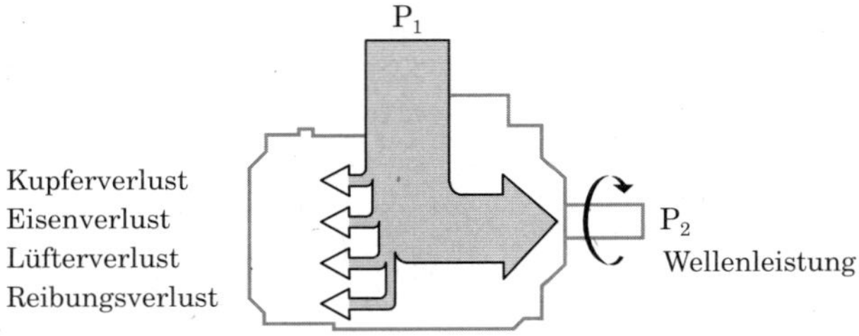

Abb. 1.12 Verluste im Motor

Die Verluste im Motor sind:

Kupferverluste in den ohmschen Widerständen der Stator- und Rotorwicklungen.

Eisenverluste, die aus Hystereseverlusten und Wirbelstromverlusten bestehen. Die Hystereseverluste entstehen, wenn das Eisen von einem Wechselstrom magnetisiert wird. Das Eisen muß ständig ummagnetisiert werden, bei einer 50 Hz Versorgungsspannung 100 mal in der Sekunde. Das erfordert Energie für die Magnetisierung und für die Entmagnetisierung.
Der Motor nimmt eine Leistung auf, um die Hystereseverluste abzudecken. Diese steigen mit der Frequenz und der magnetischen Induktion.

Die Wirbelstromverluste entstehen, weil die Magnetfelder elektrische Spannungen im Eisenkern wie in jedem anderen Leiter induzieren. Diese Spannungen verursachen Ströme, die Wärmeverluste verursachen. Die Ströme verlaufen in Kreisen um die Magnetfelder.

Durch die Aufteilung des Eisenkerns in dünne Bleche lassen sich die Wirbelstromverluste deutlich verringern.

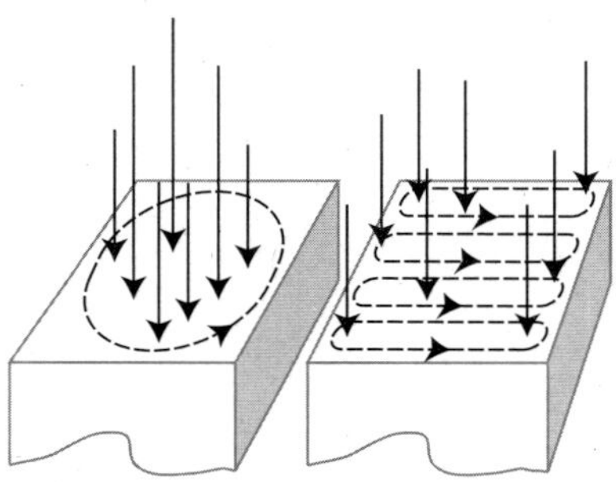

Abb. 1.13 Die Wirbelströme werden durch die Lamellenform des Motoreisens verringert

Lüfterverluste entstehen durch den Luftwiderstand des Ventilator des Motors.

Reibungsverluste entstehen in den Kugellagern des Rotors.
Bei Bestimmung von Wirkungsgrad und der abgegebenen Motorleistung werden in der Praxis die Verluste im Motor von der zugeführten Leistung abgezogen.
Die zugeführte Leistung wird gemessen, die Verluste werden berechnet oder experimentell bestimmt.

Magnetfeld

Der Motor ist für die feste Spannung und Frequenz des Versorgungsnetzes konstruiert. Die Magnetisierung des Motors wird vom Verhältnis zwischen Spannung und Frequenz bestimmt.

Wenn das Spannungs/Frequenzverhältnis steigt, wird der Motor übermagnetisiert. Bei einem fallenden Verhältnis wird er untermagnetisiert. Das Magnetfeld eines untermagnetisierten Motors ist geschwächt. Das Moment, das der Motor entwickeln kann, verkleinert sich. Das kann dazu führen, daß der Motor nicht anläuft oder stehen bleibt. Die Hochlaufzeit kann sich verlängern und der Motor dabei überlastet werden.

Ein übermagnetisierter Motor wird während des normalen Betriebs überlastet. Die Leistung für diese zusätzliche Magnetisierung setzt sich als Wärme im Motor um und beschädigt im schlimmsten Fall die Isolation. Drehstrommotoren und besonders Asynchronmotoren sind sehr robust. Das Problem der Fehlmagnetisierung mit daraus entstehenden Belastungsschäden ist erst bei Dauerbetrieb zu berücksichtigen.
Der Motorlauf zeigt, ob die Magnetisierungsverhältnisse schlecht sind (fallende Drehzahl bei variierender Belastung, instabiler oder stotternder Motorlauf usw.).

Ersatzschaltbild

Asynchronmotoren bestehen prinzipiell aus sechs Spulen. Drei Spulen im Stator sowie drei Spulen im Kurzschlußrotor (der magnetisch so auftritt, als ob er aus drei Spulen besteht). Durch die Betrachtung eines Satzes dieser Spulen ist es möglich, ein elektrisches Diagramm aufzustellen und dadurch die Wirkungsweise des Motors verständlich zu machen, z.B. wenn sich die Frequenz der Versorgungsspannung ändert.

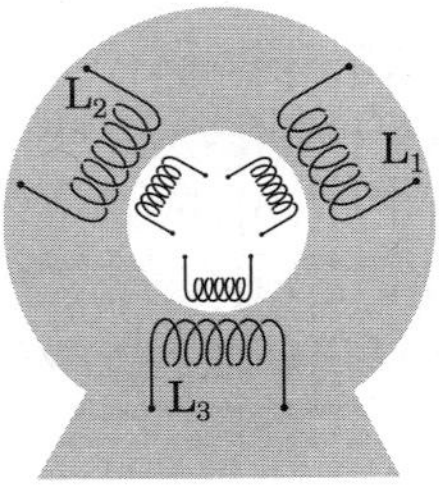

Abb. 1.14a Darstellung des Stators und Rotors

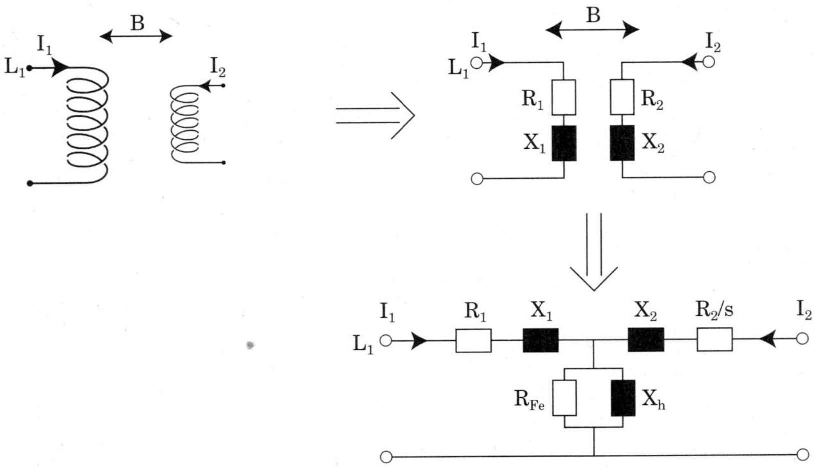

Abb. 1.14b Das Ersatzschaltbild des Motors (gilt für die Phase L_1)

Der Strom der Statorspule wird nicht nur vom ohmschen Widerstand der Spule begrenzt. In jeder Spule, die an eine Wechselspannung angeschlossen wird, entsteht ein Wechselstromwiderstand. Dieser Widerstand wird als Reaktanz bezeichnet ($X_L = 2 \times \pi \times f \times L$) und in Ohm [$\Omega$] gemessen

f ist die Frequenz und $2 \times \pi \times f$ bezeichnet die Kreisfrequenz ω in $\frac{1}{s}$.

L ist die Induktanz der Spule und wird in Henry [H] gemessen. Durch die Abhängigkeit von der Frequenz wird der Effektivstrom begrenzt.

Die Spulen beeinflussen sich gegenseitig mit einer magnetischen Induktion (B). Die Rotorspule erzeugt einen Strom in der Statorspule und umgekehrt (Abb. 1.14b). Diese gegenseitige Beeinflussung bedeutet, daß die beiden elektrischen Kreise über ein gemeinsames Glied zusammengeschaltet werden können. Das gemeinsame Glied besteht aus R_{Fe} und X_h die als Gegenwiderstand und Gegenreaktanz bezeichnet werden. Sie werden von dem Strom durchflossen, den der Motor für die Magnetisierung von Stator und Rotor aufnimmt. Der Spannungsabfall über das »Gegenglied« wird als Induktionsspannung bezeichnet.

Betriebsbedingungen des Motors

Eine Belastung des Motors wird bisher nicht berücksichtigt. Wenn der Motor in seinem normalen Betriebsbereich arbeitet, ist die Rotorfrequenz kleiner als die Frequenz des Drehfelds. Hierbei wird X_2 um den Faktor s (Schlupf) verringert.

Im Ersatzschaltbild wird die Wirkung durch die Veränderung des Rotorwiderstandes R_2 um den Faktor $\frac{1}{s}$ beschrieben.

$\frac{R_2}{s}$ kann umgeschrieben werden in $R_2 + R_2 \times \frac{1-s}{s}$ wobei $R_2 \times \frac{1-s}{s}$

die mechanische Belastung des Motors angibt.

Die Größen R_2 und X_2 stellen den Rotor dar.

Die Größe R_2 ist die Ursache für den Wärmeverlust, der in den Rotorstäben entsteht, wenn der Motor belastet wird.

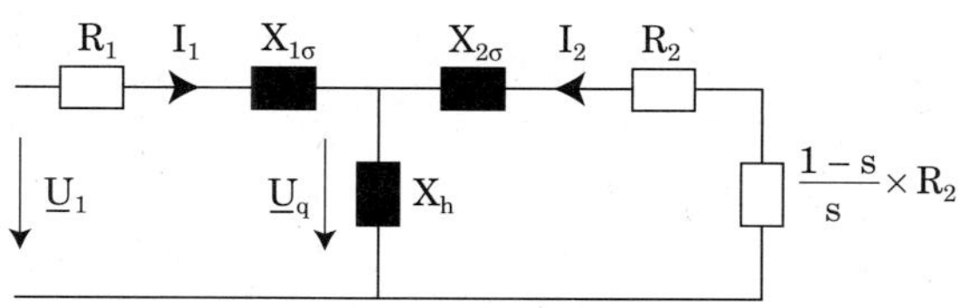

Abb. 1.15 Ersatzschaltbild für einen belasteten Motor

Im Leerlauf ist der Schlupf s klein (annähernd Null).

Das bedeutet, daß $R_2 \times \frac{1-s}{s}$ groß wird.

Es kann somit fast kein Strom im Rotor fließen. Ideal gesehen ist dies damit gleichzusetzen, daß der Widerstand, der die mechanische Belastung darstellt, aus dem Ersatzdiagramm entfernt wird.

Bei Belastung des Motors steigt der Schlupf. Das führt dazu, daß $R_2 \times \frac{1-s}{s}$ klein wird.

Der Strom I_2 im Rotor steigt also, wenn die Belastung erhöht wird.

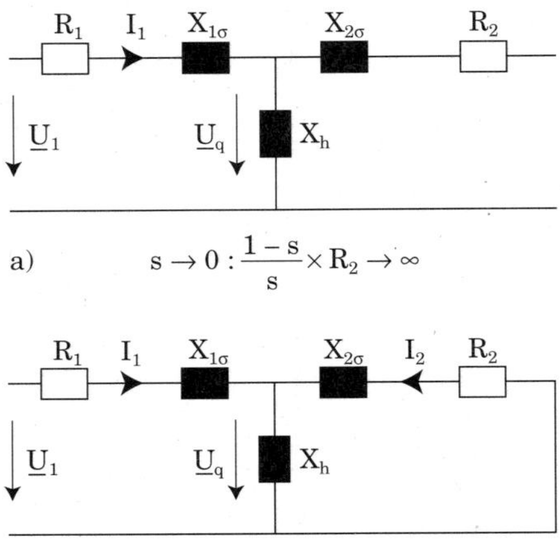

a) $s \to 0 : \frac{1-s}{s} \times R_2 \to \infty$

b) $s \to 1 : \frac{1-s}{s} \times R_2 \to 0$

Abb. 1.16 Schema bei Leerlauf (a) und blockiertem Rotor (b)

Das Ersatzschaltbild stimmt somit mit den Verhältnissen überein, die in der Praxis für den Asynchronmotor gültig sind. Es kann in vielen Fällen für die Beschreibung von Verhältnissen im Motor eingesetzt werden.

Die Induktionsspannung ($\underline{U}_q$) wird häufig mit der Klemmenspannung des Motors verwechselt. Ursache hierfür ist eine Vereinfachung des Ersatzschaltbildes für einen besseren Überblick über die verschiedenen Motorverhältnisse. Die Induktionsspannung entspricht aber nur im Leerlauf annähernd der Klemmenspannung.

Wenn die Belastung steigt, wird I_2 und damit I_1 erhöht, und der Spannungsabfall ist zu berücksichtigen. Dies ist wichtig, speziell bei einem frequenzumrichtergesteuerten Motor.

Drehzahländerungen

Die Drehzahl n des Motors ist an die Drehzahl des Drehfelds gebunden und kann wie folgt dargestellt werden:

$$s = \frac{n_0 - n}{n_0} \quad \text{wobei} \quad n = \frac{(1 - s) \times f}{p}$$

Eine Änderung der Geschwindigkeit des Motors ist somit möglich durch das Ändern von:

- der Polpaarzahl p des Motors (z.B. Polumschaltbare Motoren)
- dem Schlupf s des Motors (z.B. Schleifringläufer-Motoren)
- der Frequenz f der Motorversorgungsspannung

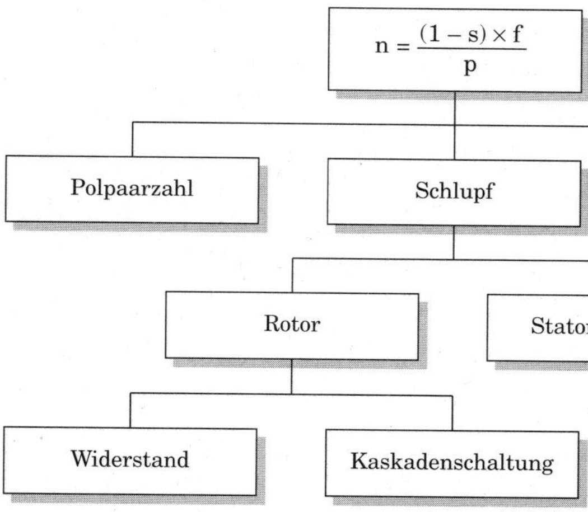

Abb. 1.17 Verschiedene Möglichkeiten für die Änderung der Drehzahl des Motors

Polzahländerung

Die Drehzahl des Drehfeldes wird von der Polpaarzahl des Stators bestimmt. Bei zweipoligem Motor ist die Drehzahl des Drehfelds 3000 Umdr/min, bei einer Motorversorgungsfrequenz

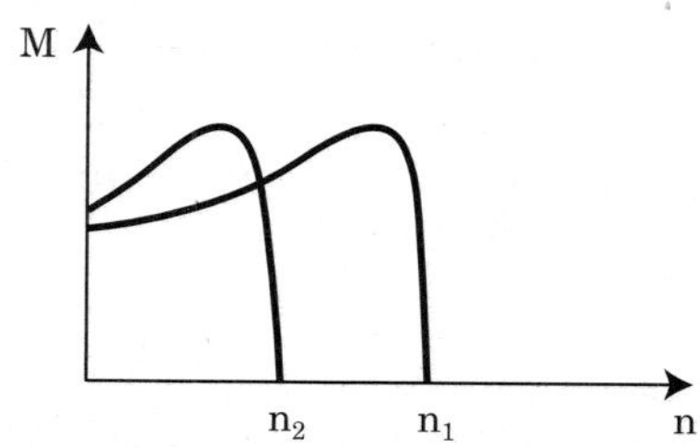

Abb. 1.18 Momentencharakteristik bei Polzahländerung

von 50 Hz. Die Drehzahl des Drehfelds eines vierpoligen Motors ist 1500 Umdr/min.

Motoren können für zwei verschiedene Polpaarzahlen gebaut werden. Dies erfolgt durch das spezielle Einlegen der Statorwicklungen in die Schlitze. Es kann wie eine Dahlanderwicklung oder als zwei getrennte Wicklungen erfolgen. Für einen Motor mit meheren Polzahlen werden diese Wicklungstypen kombiniert.

Die Geschwindigkeitsänderung erfolgt durch das Umschalten der Statorwicklungen, damit die Polpaarzahl im Stator geändert wird.

Durch Umschalten von einer kleinen Polpaarzahl (große Geschwindigkeit) auf die große Polpaarzahl (niedrige Geschwindigkeit) wird die aktuelle Geschwindigkeit des Motors schlagartig verringert z.B. (von 1500 auf 750 Umdrehungen/Min.). Bei einem schnellen Umschalten durchläuft der Motor den Generatorbereich. Dies belastet den Motor und die Mechanik der Arbeitsmaschine erheblich.

Schlupfsteuerung

Die Steuerung der Drehzahl des Motors mit dem Schlupf ist auf zwei Arten möglich, entweder durch die Änderung der Versorgungsspannung des Stators oder durch einen Eingriff am Rotor.

Änderung der Statorspannung

Die Geschwindigkeit von Asynchronmotoren kann durch die Änderung der Motorversorgungsspannung ohne Änderung der

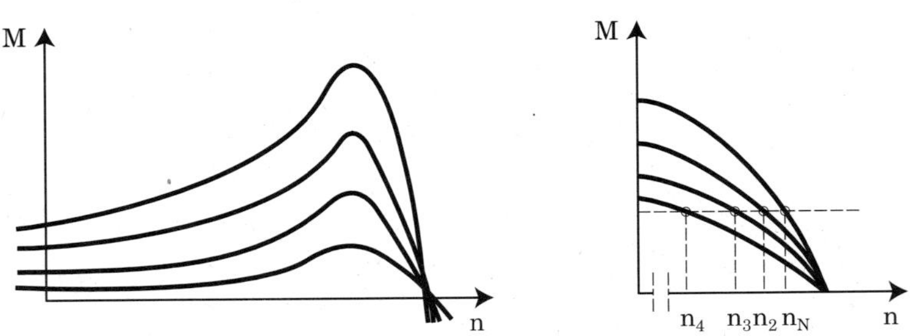

Abb. 1.19 Momentencharakteristik bei Änderung der Statorspannung und damit des Schlupfs

Frequenz (zB. Softstarter) gesteuert werden. Dies ist möglich, weil das Motormoment mit dem Quadrat der Spannung fällt.

Wie die Momentencharakteristik andeutet, sind nur im Betriebsbereich ($n_k < n < n_0$) stabile Arbeitspunkte zu erreichen. Bei einem Schleifringläufermotor werden mit dieser Methode durch das Zuschalten von Widerständen in die Rotorwicklungen auch im Anlaufbereich ($0 < n < n_k$) stabile Arbeitspunkte erreicht.

Rotorsteuerung
Es gibt zwei Möglichkeiten für einen Eingriff in den Rotor. Bei der einen Methode werden ohmsche Widerstände in den Rotorkreis geschaltet.

Bei der anderen Methode wird der Rotorkreis in Kaskadenschaltungen mit anderen elektrischen Maschinen oder Gleichrichterkreisen verbunden.

Rotorsteuerungen sind daher nur bei Schleifringläufermotoren möglich, da nur hier die Rotorwicklungen an den Schleifringen zugänglich sind.

Änderung der Rotorwiderstände
Diese Steuerung der Geschwindigkeit des Motors erfolgt durch das Verbinden der Schleifringe mit ohmschen Widerständen. Die Drehzahl des Motors wird durch die Vergrößerung der Leistungsverluste im Rotor geändert. Bei der Vergrößerung des Leistungsverlusts im Motor steigt der Schlupf und die Motordrehzahl wird vermindert.

Wenn Widerstände in den Rotorkreis geschaltet werden, ändert sich die Momentencharakteristik des Motors.

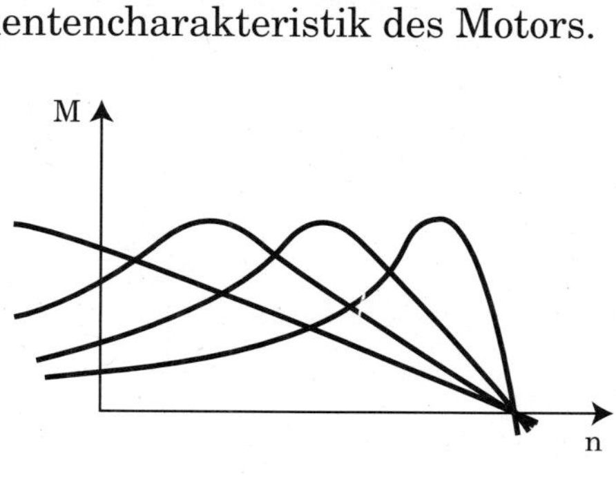

Abb. 1.20 Momentencharakteristik bei Änderung der Rotorwiderstände und damit des Schlupfes

Wie die Abbildung 1.20 zeigt, behält das Kippmoment seine Größe. Bei verschiedenen Einstellungen treten unterschiedliche Drehzahlen bei der gleichen Belastung auf. Eine eingestellte Drehzahl ist damit belastungsabhängig. Sinkt die Belastung vom Motor, steigt die Drehzahl annähernd auf die Synchrondrehzahl. Die ohmschen Widerstände sind meist variabel und müssen thermisch den Betriebsverhältnissen entsprechen.

Kaskadenschaltungen
Anstelle von ohmschen Widerständen wird der Rotorkreis über die Schleifringe mit Gleichstrommaschinen oder gesteuerten Gleichrichterkreisen verbunden.

Gleichstrommaschinen geben dem Rotorkreis des Motors eine zusätzliche regulierbare Spannung. Eine Beeinflussung der Drehzahl und Magnetisierung des Rotors ist somit möglich. Diese Steuerung der Geschwindigkeit von Motoren fand hauptsächlich bei der Versorgung von elektrischen Eisenbahnnetzen Anwendung.

Gesteuerte Gleichrichterschaltungen können anstelle von Gleichstrommaschinen eingesetzt werden. Der Anwendungsbereich wird dann auf Anlagen mit Pumpen, Ventilatoren usw. begrenzt.

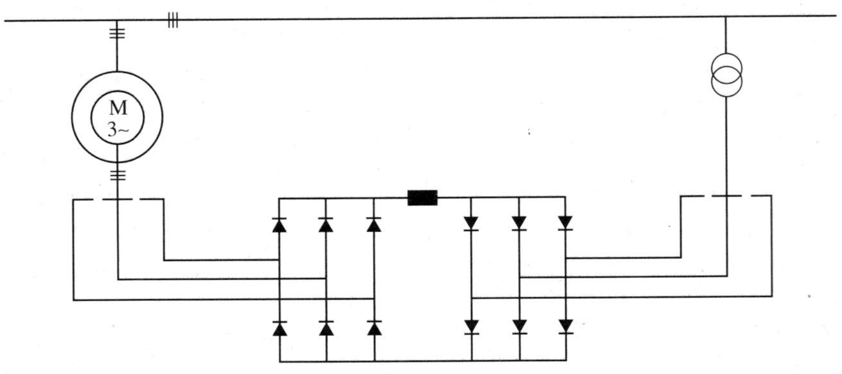

Abb. 1.21 Typische Kaskadenschaltung

Frequenzänderung

Mit einer variablen Versorgungsfrequenz kann eine verlustfreie Steuerung der Drehzahl des Motors erreicht werden. Bei Änderung der Frequenz ändert sich die Drehzahl des Drehfelds.

Die Drehzahl des Motors ändert sich proportional mit dem Drehfeld.
Damit das Motormoment erhalten bleibt, muß die Motorspannung zusammen mit der Frequenz geändert werden.

Bei einer gegebenen Belastung gilt:

$$M = \frac{P \times 9550}{n} = \frac{\eta \times \sqrt{3} \times U \times I \times \cos\varphi \times 9550}{f \times \frac{60}{p}} = k \times \frac{U}{f} \times I$$

$$M \sim \frac{U}{f} \times I$$

Bei einem konstanten Verhältnis zwischen der Motorversorgungsspannung und Frequenz ist die Magnetisierung im Nennbetriebsbereich des Motors auch konstant.

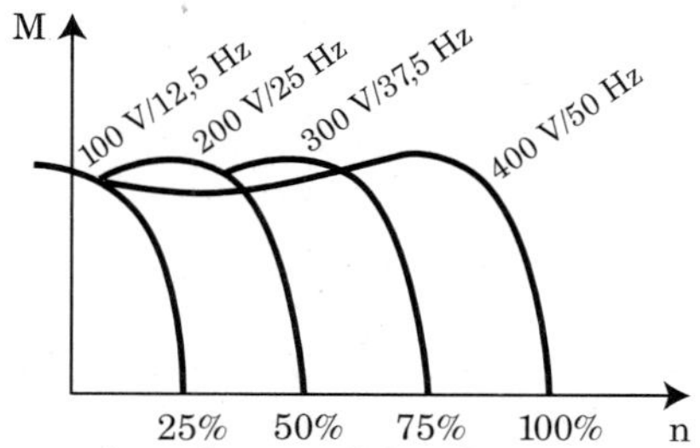

Abb. 1.22 Momentencharakteristik bei Spannungs / Frequenzsteuerung

In zwei Fällen ist die Magnetisierung jedoch nicht optimal; bei Start und ganz niedrigen Frequenzen, wo eine zusätzliche Magnetisierung erforderlich ist und bei Betrieb mit varierender Belastung, wo eine Variation der Magnetisierung entsprechend der Belastung möglich sein muß.

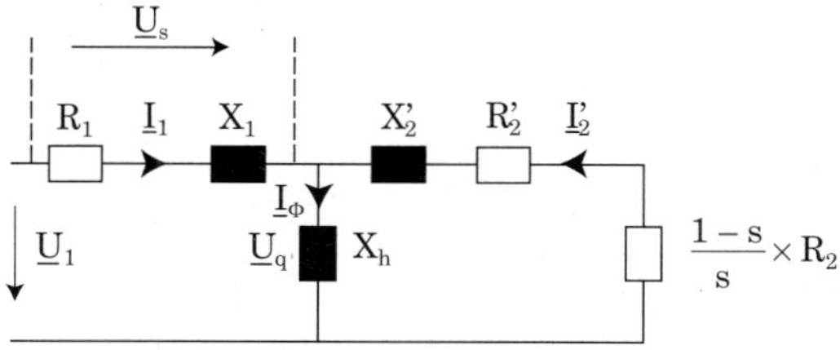

Abb. 1.23 Ersatzschaltbild des Motors

Zusätzliche Startmagnetisierung
Es ist wichtig den Spannungsabfall $\underline{U}_s$ in Zusammenhang mit Induktionsspannungs $\underline{U}_q$ zu betrachten.

Klemmspannung: $\underline{U}_1 = \underline{U}_s + \underline{U}_q = \underline{U}_{R1} + \underline{U}_{X1} + \underline{U}_q$

Statorreaktanz: $X_1 = 2 \times \pi \times f \times L$

Der Motor ist für seine Nennwerte gebaut. Die Magnetisierungsspannung $\underline{U}_q$ kann beispielsweise 370 V für einen Motor sein, bei $U_1 = 400$ V und f = 50 Hz. Hier hat der Motor seine optimale Magnetisierung.

Das Spannungs-Frequenzverhältnis ist $\frac{400}{50} = 8 \frac{[V]}{[Hz]}$

Bei einer Absenkung der Frequenz auf 2,5 Hz beträgt die Spannung 20 V. Durch die niedrigere Frequenz wird die Statorreaktanz X_1 kleiner. Der Spannungsabfall hat keinen Einfluß auf den gesamten Spannungsabfall im Stator. Der Spannungsabfall wird nun allein von R_1 bestimmt. Das entspricht in etwa den Nennwerten, ca. 20 V, da der Motorstrom von der Belastung bestimmt wird.

Die Klemmspannung entspricht jetzt dem Spannungsabfall über dem Statorwiderstand R_1. Es gibt keine Spannung für die Magnetisierung des Motors. Der Motor kann kein Moment bei niedrigen Frequenzen abgeben, wenn das Spannungs-Frequenzverhältnis im ganzen Bereich konstant gehalten wird. Es ist daher erforderlich, den Spannungsabfall beim Start und bei niedrigen Frequenzen zu kompensieren.

Belastungsabhängige Magnetisierung
Nach Anpassung des Motors mit der zusätzlichen Startmagnetisierung bei niedrigen Frequenzen entsteht aber bei Betrieb mit schwacher Belastung eine Übermagnetisierung. In dieser Situation fällt der Statorstrom I_1 und die Induktionsspannung $\underline{U}_q$ steigt an.

Der Motor nimmt einen zu großen Blindstrom auf und wird unnötig heiß. Die Magnetisierung ist somit davon abhängig, daß sich die Spannung zum Motor automatisch in Abhängigkeit zur Motorbelastung ändert.

Die optimale Magnetisierung des Motors erfolgt unter Berücksichtigung der Frequenz und der variierenden Belastung.

Motordaten

Der Motor hat ein Typenschild, das fest mit dem Motor verbunden ist. Das Typenschild beinhaltet alle wesentlichen Daten des Motors.
Weitere Daten sind im Motorkatalog zu finden.

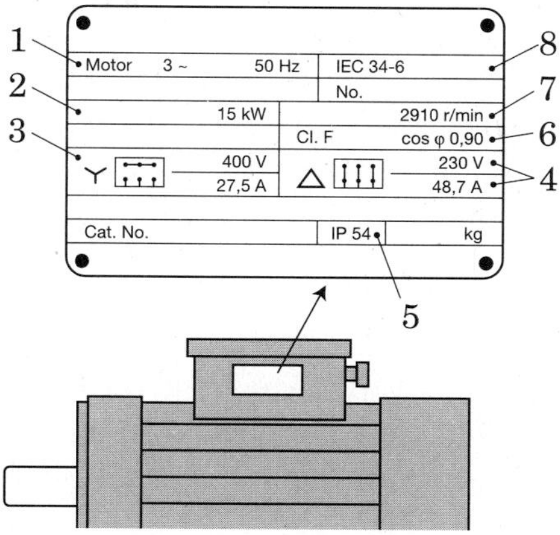

Abb. 1.24 Das Typenschild des Motors beinhaltet viele Daten

Beispiel
Das Motorschild für einen zweipoligen 15 kW-Motor kann folgende Daten enthalten:

1. Der Motor hat drei Phasen und ist für ein Versorgungsnetz mit einer Frequenz von 50 Hz vorgesehen.

2. Die Nennleistung des Motors ist 15 kW, d.h. der Motor kann eine Wellenleistung von mindestens 15 kW liefern, wenn er an ein Versorgungsnetz wie angegeben angeschlossen wird. Die Nennleistung der Asynchronmotoren ist in einer Standardreihe festgehalten. Damit kann der Verbraucher beliebig zwischen den verschiedenen Motorfabrikaten für bestimmte Anwendungen wählen. Die Standardreihe hat z.B. folgende Leistungsstufen:

kW	0,06	0,09	0,12	0,18	0,25	0,37	0,55	0,75	1,10	1,50	2,20	3,00
kW	4,00	5,50	7,50	11,0	15,0	18,5	22,0	30,0	37,0	45,0	55,0	75,0

Tabelle 1.02 Leistungsreihe der Motoren

Pferdestärke (PS) ist eine alte Einheit für die von Motoren abgegebene Leistung. Sollte diese Einheit auftauchen, ist ein Umrechnen möglich: 1 PS = 0,736 kW.

3-4. Die Statorwicklungen können in »Stern« oder »Dreieck« geschaltet werden.
Bei einer Anschlußspannung von 400 V müssen die Wicklungen in »Stern« geschaltet werden. Der Motorstrom beträgt dann je Phase 27,5 A.
Bei einer Anschlußspannung von 230 V müssen die Wicklungen in »Dreieck« geschaltet werden. Der Motorstrom beträgt dann 48,7 A je Phase.
Im Startaugenblick, wenn der Strom 4-10 mal größer als der Nennstrom ist, kann das Leitungsnetz überbelastet werden.
Dies hat dazu geführt, daß die Versorgungsunternehmen Vorschriften herausgegeben haben, den Startstrom für größere Motoren zu reduzieren.
Eine Verringerung des Startstroms ist beispielsweise dadurch möglich, daß der Motor in Sternschaltung angefahren und danach in die Dreieckschaltung umgeschaltet wird.

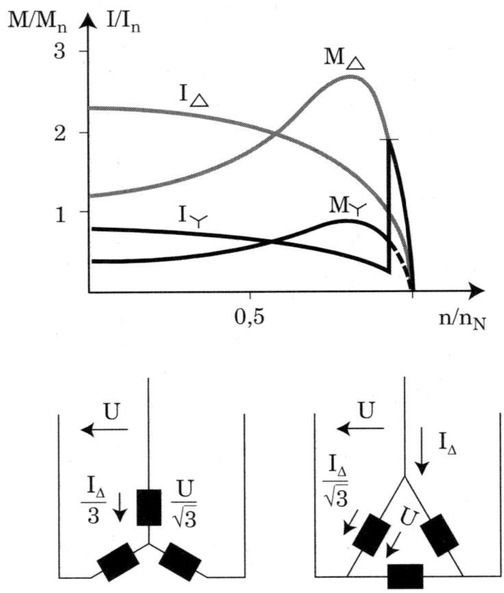

Abb. 1.25 Moment und Strom des Motors bei Stern(Y)- und Dreieck(Δ)-schaltung

Leistung und Moment werden auf ⅓ verringert. Der Motor kann daher nicht bei voller Belastung anlaufen.
Ein für die Dreieckschaltung vorgesehen Motor wird überlastet, wenn bei Vollastbetrieb eine Umschaltung auf Dreieckbetrieb nicht erfolgt.

5. Die Schutzart des Motors gibt an, wie groß der Schutz gegen das Eindringen von Flüssigkeiten und Fremdkörper ist.
Abb. 1.26 zeigt die Bezeichnungen aus der internationalen Norm IEC Publikation 34-5.
Die Schutzart (Kapselung) wird mit zwei Buchstaben IP (International Protection) und zwei Kennziffern für den Berührungs- und Fremdkörperschutz (erste Ziffer) sowie den Wasserschutz (zweite Ziffer) angegeben. Bei Bedarf können noch weitere Buchstaben (zusätzliche) und/oder ergänzende Buchstaben) angehängt werden. Die grundsätzliche Darstellung des IP-Codes ist damit

IP 2 3 C S

Code-Buchstaben — IP

erste Kennziffer (von 0-6 reichend) — 2
Berührungs- und Fremdkörperschutz

zweite Kennziffer (von 0-8 reichend) — 3
Wasserschutz

zusätzlicher Buchstabe A, B, C, D — C
(fakultativ)

ergänzender Buchstabe H, M, S, W — S
(fakultativ)

Zum Aufbau und zur Anwendung des IP-Kurzzeichens ist folgendes zu bemerken

- Wenn eine Kennziffer nicht angegeben werden muß, ist sie durch den Buchstaben »X« zu ersetzen.
- Zusätzliche und/oder ergänzende Buchstaben dürfen ersatzlos entfallen.
- Wenn mehr als ein ergänzender Buchstabe notwendig ist, ist die alphabetische Reihenfolge einzuhalten.

Der Schutzumfang der verschiedenen Schutzarten ist in Abb. 1.26 in Kurzform dargestellt.

Kenn-ziffer	erste Ziffer		zweite Ziffer
	Berührungsschutz	Fremdkörperschutz	Wasserschutz
0	kein Schutz	kein Schutz	kein Schutz
1	Schutz gegen Berührung mit Handrücken	Schutz gegen feste Fremdkörper 50 mm Durchmesser	Schutz gegen senkrecht tropfendes Wasser
2	Schutz gegen Berührung mit Fingern	Schutz gegen feste Fremdkörper 12,5 mm Durchmesser	Schutz gegen schräg (15°) tropfendes Wasser
3	Schutz gegen Berührung mit Werkzeugen	Schutz gegen feste Fremdkörper 2,5 mm Durchmesser	Schutz gegen Sprühwasser schräg bis 60°
4	Schutz gegen Berührung mit einem Draht	Schutz gegen feste Fremdkörper 1,0 mm Durchmesser	Schutz gegen Spritzwasser aus allen Richtungen
5	Schutz gegen Berührung mit einem Draht	staubgeschutz	Schutz gegen Strahlwasser
6	Schutz gegen Berührung mit einem Draht	staubdicht	Schutz gegen starkes Strahlwasser
7	–	–	Schutz gegen zeitweiliges Untertauchen in Wasser
8	–	–	Schutz gegen dauerndes Untertauchen in Wasser

Abb. 1.26 Angabe der Schutzart der Motoren nach IEC 34-5

Der zusätzliche (fakultative) Buchstabe hat eine Bedeutung für den Schutz von Personen und trifft eine Aussage über den Schutz gegen den Zugang zu gefährlichen Teilen mit:

- Handrücken — Buchstabe A
- Finger — Buchstabe B
- Werkzeug — Buchstabe C
- Draht — Buchstabe D

Der ergänzende (fakultative) Buchstabe hat eine Bedeutung für den Schutz des Betriebsmittels und gibt ergänzende Informationen speziell für

- Hochspannungsgeräte — Buchstabe H
- Wasserprüfung während des Betriebs — Buchstabe M
- Wasserprüfung bei Stillstand — Buchstabe S
- Wetterbedingungen — Buchstabe W

Bei Betriebsmitteln, die staubgeschützt sind (erste Kennziffer 5), ist das Eindringen von Staub nicht vollständig verhindert; Staub darf nur in begrenzten Mengen eindringen, so daß ein zufriedenstellender Betrieb des Geräts gewährleistet ist und die Sicherheit nicht beeinträchtigt wird.

Beim Wasserschutz bis zur Kennziffer 6 bedeutet die Bezeichnung, daß auch die Anforderung für alle niedrigeren Kennziffern erfüllt sind. Ein Betriebsmittel mit der Kennzeichnung IPX7 (zeitweiliges Eintauchen) oder IPX8 (dauerndes Untertauchen) muß nicht zwangsläufig auch die Forderungen an den Schutz gegen Strahlwasser IPX5 oder starkes Strahlwasser IPX6 erfüllen. Sollen beide Forderungen erfüllt werden, so muß das Betriebsmittel mit der Dopppelkennzeichnung beider Anforderungen versehen sein z.B. IPX5/IPX7.

Beispiel: IP 65 gibt an, daß der Motor berührungssicher, staubdicht und strahlwasserdicht ist.

6. Der Nennstrom I_S, den ein Motor aufnimmt, ist als Scheinstrom bezeichnet und kann in zwei Ströme aufgeteilt werden: einen Wirkstrom I_W und einen Blindstrom I_B. Cos φ gibt an, wie hoch der Anteil des Wirkstroms am Motorstrom in Nennbetrieb ist.
Der Wirkstrom wird in Wellenleistung umgesetzt, während der Blindstrom die Leistung angibt, die für den Aufbau des Magnetfelds im Motor erforderlich ist. Wenn das Magnetfeld später abgebaut wird, wird die Magnetisierungsleistung an das Versorgungsnetz zurückgeliefert.
Das Wort »blind« deutet an, daß der Strom in den Leitungen hin- und herwandert, ohne einen Betrag zur Wellenleistung zu leisten.

Der Scheinstrom, den der Motor aus dem Netz aufnimmt, wird nicht durch einfaches Zusammenlegen des Wirkstroms und des Blindstroms bestimmt, weil die beiden Ströme zeitmäßig verschoben sind. Die Größe dieser Verschiebung ist von der Frequenz des Versorgungsnetzes abhängig. Bei einer Frequenz von 50 Hz ist die Verschiebung zwischen den Strömen 5 Millisekunden. Eine geometrische Addition ist daher notwendig:

$$I_S = \sqrt{I_W^2 + I_B^2}$$

Die Ströme können als Seiten in einem rechteckigen Dreieck betrachtet werden. Hier ist die lange Seite gleich der Quadratwurzel der Summe der Quadrate der kurzen Seiten (nach Pythagoras).

φ ist der Winkel zwischen dem Scheinstrom und dem Wirkstrom.
Cos φ ist das Verhältnis zwischen der Größe der beiden Ströme:

$$\cos \varphi = \frac{I_W}{I_S}$$

Cos φ kann auch als Verhältnis zwischen der Wirkleistung P und der Scheinleistung S dargestellt werden:

$$\cos \varphi = \frac{P}{S}$$

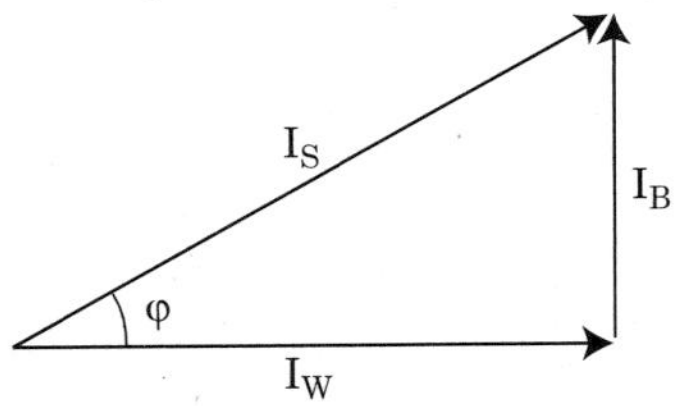

Abb. 1.27 Zusammenhänge zwischen dem Schein-, Blind- und Wirkstrom

Das Wort Scheinleistung bedeutet, daß nur ein Teil des Scheinstroms Leistung erbringt, und zwar der Teil I_W, der Wirkstrom.

7. Die Nenndrehzahl des Motors ist die Drehzahl des Motors bei Nennspannung, Nennfrequenz und Nennbelastung.

8. Elektromotoren sind für verschiedene Kühlformen gebaut. Normalerweise wird die Kühlform nach der internationalen Norm IEC Publikation 34-6 angegeben. Abb. 1.28 zeigt die Bezeichnungen dieser Norm, IC steht für International Cooling.

IC01 **Eigenbelüftung** Das Innere des Motors wird direkt durch die umgebende Luft gekühlt	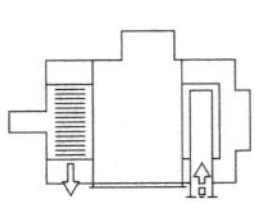	IC17 **Fremdbelüftung** Motor mit angebautem Gebläse für die Kühlluftzufuhr	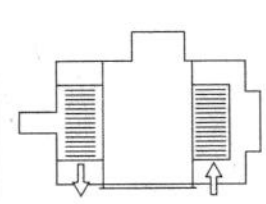
IC06 **Fremdbelüftung** Motor für getrennte Kühlluftzufuhr	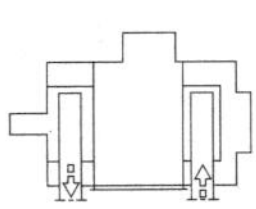	IC37 **Fremdbelüftung** Motor für getrennten Kühlluftabgang und getrennte Kühlluftzufuhr	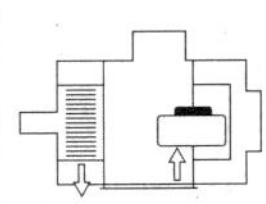

Abb. 1.28 Angabe der Kühlform der Motoren nach IEC 34-6

Die Auswahl des Motors ist sowohl auf die Anwendung als, auch auf den Montageort abzustimmen.

Die internationale Norm IEC 34-7 gibt die Bauform des Motors mit zwei Buchstaben IM (International Mounting) und vier Zahlen an.

Abb. 1.29 zeigt einige der gebräuchlichsten Formgebungen. Mit den Daten des Typenschilds vom Motor können weitere Motordaten berechnet werden.

Nennmoment des Motors aus folgender Formel

$$M = \frac{P \times 9550}{n} = \frac{15 \times 9550}{2910} = 49 \text{ Nm}$$

Maschinen mit Lagerschilden, waagerechte Anordnung							
Bauform				Erklärung			
	Kurzzeichen nach						
Bild	DIN 42 950	DIN IEC 34 Teil 7 Code I	DIN IEC 34 Teil 7 Code II	Lager	Ständer (Gehäuse)	Allgemeine Ausführung	Befestigung oder Aufstellung
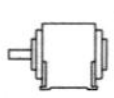	B 3	IM B 3	IM 1001	2 Lagerschilde	mit Füßen	–	Aufstellung auf Unterbau
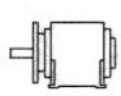	B 3/B 5	IM B 35	IM 2001	2 Lagerschilde	mit Füßen	Befestigungsflansch	Aufstellung auf Unterbau mit zusätzlichem Flansch
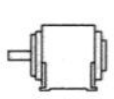	B 3/B 14	IM B 34	IM 2101	2 Lagerschilde	mit Füßen	Befestigungsflansch	Aufstellung auf Unterbau mit zusätzlichem Flansch
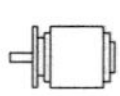	B 5	IM B 5	IM 3001	2 Lagerschilde	ohne Füße	Befestigungsflansch	Flanschanbau
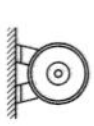	B 6	IM B 6	IM 1051	2 Lagerschilde	mit Füßen	Bauform B 3, nötigenfalls Lagerschilde um 90° gedreht	Befestigung an der Wand Füße auf Antriebseite gesehen links

Abb. 1.29 Angabe der Montageform des Motors nach IEC 34-7

Der Wirkungsgrad η des Motors kann als Verhältnis zwischen Nennwirkleistung und der zugeführten elektrischen Leistung bestimmt werden.

$$\eta = \frac{P}{\sqrt{3} \times U \times I \times \cos\varphi} = \frac{15000}{\sqrt{3} \times 380 \times 29 \times 0{,}9} = 0{,}87$$

Der Schlupf des Motors kann berechnet werden, da das Typenschild Nenndrehzahl und Frequenz angibt. Die beiden Daten sagen aus, daß der Motor zweipolig ist. Ein zweipoliger Motor hat eine synchrone Drehzahl von 3000 Umdr/min.

Der Schlupfdrehzahl (n_s) ist somit 3000 – 2910 = 90 Umdr/min.

Der Schlupf wird in der Regel in % angegeben,

$$s = \frac{n_s}{n_0} = \frac{90}{3000} = 0{,}03 = 3\%$$

Der Motorkatalog enthält selbstverständlich einen Teil der Daten des Typenschilds. Außerdem sind hier weitere Angaben zu finden:

Typ	Bei Nennbetrieb Leistung kW	Drehzahl min^{-1}	Wirkungsgrad %	cos φ	Strom bei 380 V A	$\frac{I_a}{I}$	M Nm	$\frac{M_a}{M}$	$\frac{M_{max}}{M}$	Trägheitsmoment kgm^2	Gewicht kg
160 MA	11	2900	86	0.87	25	6.2	36	2.3	2.6	0.055	76
160 M	15	2910	88	0.90	29	6.2	49	1.8	2.0	0.055	85
160 L	18.5	2930	88	0.90	33	6.2	60	2.8	3.0	0.056	96

Abb. 1.30 Im Motorkatalog stehen weitere Daten

Aus dem Typenschild gehen Wellenleistung, Drehzahl, cos φ und Motorstrom hervor. Wirkungsgrad und Moment können nach dem Typenschild berechnet werden.

Der Motorkatalog sagt weiterhin aus, daß der Anlaufstrom des 15 kW Motors I_a = 6,2mal so groß wie der Nennstrom I_N ist.
$I_a = 29 \times 6{,}2 = 180$ A.

Das Anlaufmoment (M_a) des Motors wird mit 1,8mal dem Nennmoment angegeben $M_a = 1{,}8 \times 49 = 88$ Nm. Dieses Anlaufmoment erfordert den Anlaufstrom von 180 A. Das maximale Moment des Motors, das Kippmoment (M_K), wird zweimal so groß wie das Nennmoment angegeben: $M_k = 2 \times 49 = 98$ Nm.

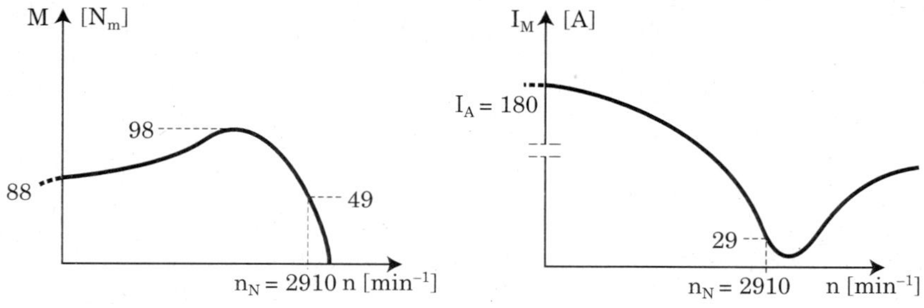

Abb. 1.31 Drehmoment und Strom des Motors

Letztlich werden Trägheitsmoment und Gewicht des Motors angegeben. Das Trägheitsmoment wird für Beschleunigungsberechnungen verwendet und das Gewicht kann Bedeutung bei Transport und Montage haben.

Einige Motorenhersteller veröffentlichen nicht das Trägheitsmoment sondern das Schwungmoment GD^2. Diese Größe läßt sich jedoch umrechnen.

$$J = \frac{GD^2}{4 \times g}$$

g ist die Erdbeschleunigung
Die Einheit für das Schwungmoment GD^2 ist [Nm^2]
Die Einheit für das Trägheitsmoment J ist [kgm^2]

Belastungscharakteristiken

Der Zustand ist stationär, wenn das vom Motor geleistete Moment und das Belastungsmoment gleich groß sind. In diesem Zustand sind Moment und Drehzahl konstant.

Die Kennlinien für Motor und Arbeitsmaschine werden als Zusammenhang zwischen Drehzahl und Moment oder Leistung angegeben. Die Momentencharakteristik wurde bereits erwähnt. Die Kennlinien der Arbeitsmaschinen lassen sich in vier Gruppen unterteilen.

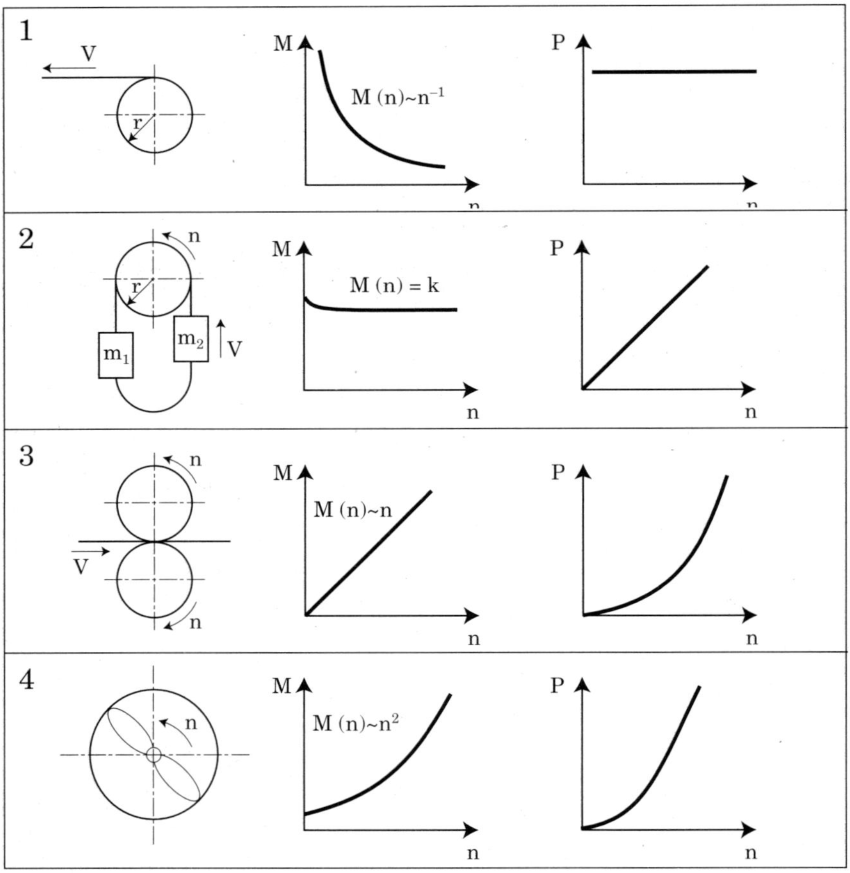

Abb. 1.32 Typische Belastungscharakteristiken

Die Gruppe (1) besteht aus Arbeitsmaschinen für das Aufrollen von Material mit konstanter Zugkraft. Zu dieser Gruppe gehören auch spanabhebende Maschinen, beispielsweise für den Zuschnitt von Furnier aus Holzstämmen.

Die Gruppe (2) besteht aus verschiedenen Maschinen. Das sind Förderbänder, unterschiedliche Kräne, Verdrängungspumpen und Werkzeugmaschinen.

Die Gruppe (3) setzt sich zusammen aus Maschinen wie Walzen, Glättmaschinen und andere Maschinen für die Werkstoffbearbeitung.

Die Gruppe (4) umfaßt Maschinen, die mit Zentrifugalkräften arbeiten. Das sind z.B. Zentrifugen, Kreiselpumpen und Ventilatoren.

Der stationäre Zustand entsteht, wenn das Moment von Motor und Arbeitsmaschine gleich groß sind (Abb. 1.33). Die Kennlinien schneiden sich im Punkt B.

Bei der Bemessung eines Motors für eine gegebene Arbeitsmaschine sollte der Schnittpunkt so nah wie möglich am Punkt N für die Nenndaten des Motors liegen. Hier wird der Motor am besten genutzt.

Es ist wesentlich, daß im ganzen Bereich vom Stillstand bis zum Schnittpunkt ein Überschußmoment vorhanden ist. Wenn dies nicht der Fall ist, wird der Betrieb instabil und der stationäre Zustand kann sich bei einer zu niedrigen Drehzahl einstellen. Dies u.a., weil das Überschußmoment für die Beschleunigung benötigt wird.

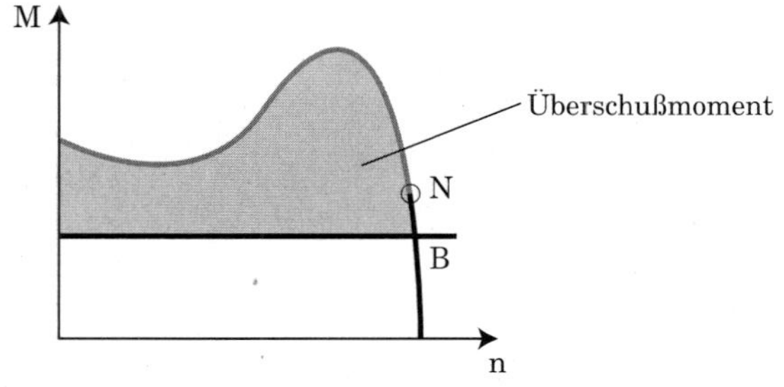

Abb. 1.33 Der Motor benötigt ein Überschußmoment für die Beschleunigung

Speziell für Arbeitsmaschinen der Gruppen 1 und 2 ist es notwendig, diesen Startzustand zu beachten. Diese Belastungstypen können ein Losbrechmoment in der gleichen Größe wie das Anlaufmoment des Motors haben. Wenn das Losbrechmoment der Belastung größer als das Anlaufmoment des Motors ist, kann der Motor nicht starten.

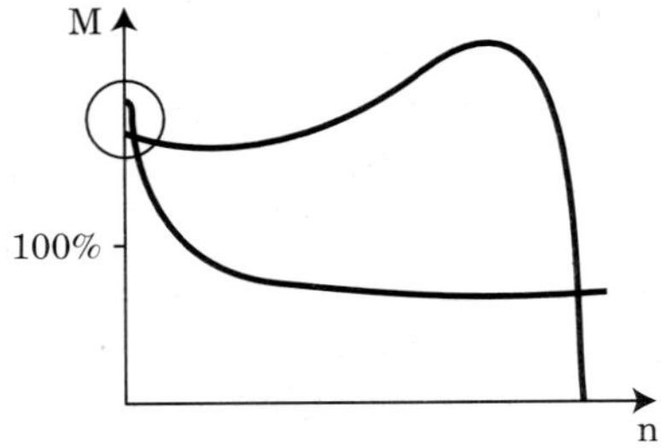

Abb. 1.34 Der Anlaufzustand kann ein besonders hohes Moment erfordern

Synchronmotor

Der Statoraufbau von Synchron- und Asynchronmotoren sind gleich. Der Rotor des Synchronmotors (auch Polrad genannt) kann nach zwei verschiedenen Arten gebaut sein. Der Rotor hat ausgeprägte magnetische Pole. Die Magnete können permanente Magnete (für kleinere Motoren) oder Elektromagnete sein. Der Rotor hat zwei oder mehrere Polpaare und ist somit auch für Motoren mit niedrigen Drehzahlen einsetzbar. Der Synchronmotor kann am Netz nicht selbst anlaufen. Gründe dafür sind die Trägheit des Rotors und die große Geschwindigkeit des Drehfeldes. Der Rotor muß daher auf eine Geschwindigkeit entsprechend der des Drehfeldes gebracht werden.

Dies ist z.B. mit einem Anwurfmotor oder Frequenzumrichter möglich. Kleine Motoren werden gewöhnlich mit Anlaßwicklung (Dämpferwicklung) in Gang gesetzt. Der Motor verhält sich in diesem Fall wie einer Kurzschlußläufermotor.

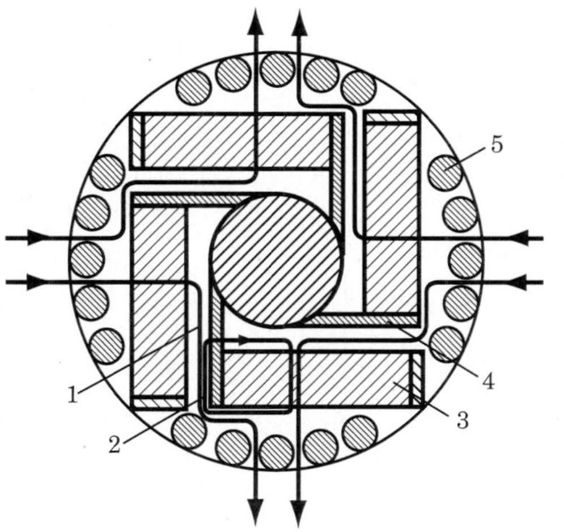

1. Nutzfluß
2. Staufluß
3. Dauermagnet
4. Distanzblech (unmagnetisch)
5. Anlaufkäfig

Abb. 1.35 (Läufer des Synchronmotors: permanenter Magnet)

Nach dem Anlaufen dreht sich der Motor synchron zu dem Drehfeld. Wird er belastet, nimmt der Abstand der Pole des Läufers von den Polen des Drehfeldes zu. Der Läufer bleibt um den Lastwinkel (ν) hinter dem Drehfeld und damit hinter der Leerlaufstellung des Läufers zurück (Abb. 1.38).

Synchronmotoren haben eine konstante, von der Belastung unabhängige Drehzahl. Der Motor ist nicht höher belastbar als die Anzugskraft zwischen Rotor und Magnetfeld verkraften kann.

Überschreitet die Belastung diese Anzugskraft, so wird der Synchronismus unterbrochen und der Motor bleibt stehen.

Synchronmotoren werden z.B. für den Parallelbetrieb eingesetzt, wenn mehrere mechanisch unabhängige Anlagen synchron betrieben werden sollen.

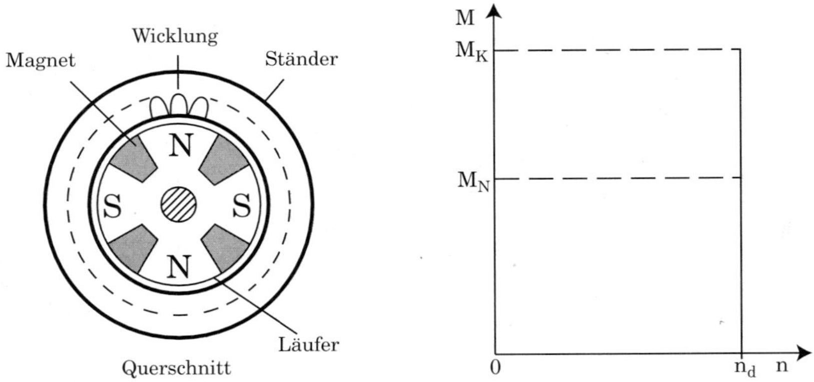

Abb. 1.36 Rotor mit ausgeprägten Polen und die Momentencharakteristik

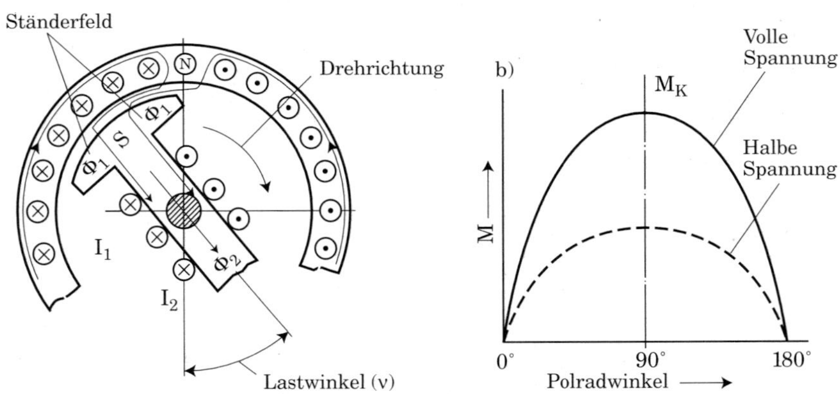

Abb. 1.37 Lastwinkel und Drehmoment geg. Läuferwinkel

Reluktanzmotor

Drehstrom-Reluktanzmotoren sind Drehfeldmotoren, die wie normale Drehstrom-Asynchronmotoren mit Käfigläufer hochlaufen, anschließend in den Synchronismus gezogen werden und dann als Synchronmotoren weiterlaufen. Da Reluktanzmotoren wie Käfigläufermotoren im Läufer eine einfache Käfigswicklung haben, sind sie robust, betriebssicher, wartungs-, funkstörfrei und relativ billig in der Anschaffung. Von Nachteil sind der hohe induktive Blindleistungsbedarf und der ungünstige wirkungsgrad. Deshalb haben Reluktanzmotoren eine Wirtschaftliche Bedeutung nur bis zu einer Leistung von etwa 15 kW.

Aufbau

Der Ständer eines Drehstrom-Reluktanzmotors unterscheidet sich nicht von dem eines normalen Drehstrom-Asynchronmotors mit Käfigläufer. Auch im Läufer ist eine einfache Käfigwicklung untergebracht. Jedoch hat der Läufer eines Reluktanzmotors im Gegensatz zum normalen Käfigläufer ausgeprägte Pole, deren Anzahl mit der Ständerpolzahl übereinstimmt. Die Pole entstehen durch Ausfräsen von Pollücken am Umfang des Läuferblechpakets oder entsprechende Gestaltung des Blechschnitts (s. Abb. 1.38a).

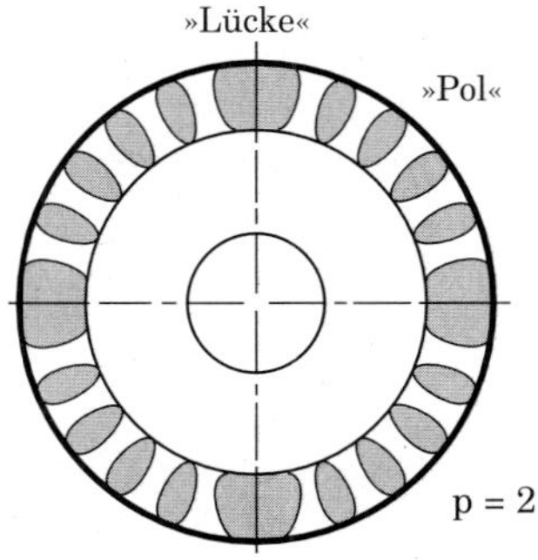

Abb. 1.38a Reluktanzläufer

Durch die Pollücken, die auch mit dem Werkstoff des Läuferkäfigs ausgefüllt sein können ergibt sich am Läuferumfang ein veränderlicher magnetischer Widerstand (Reluktanz), der im

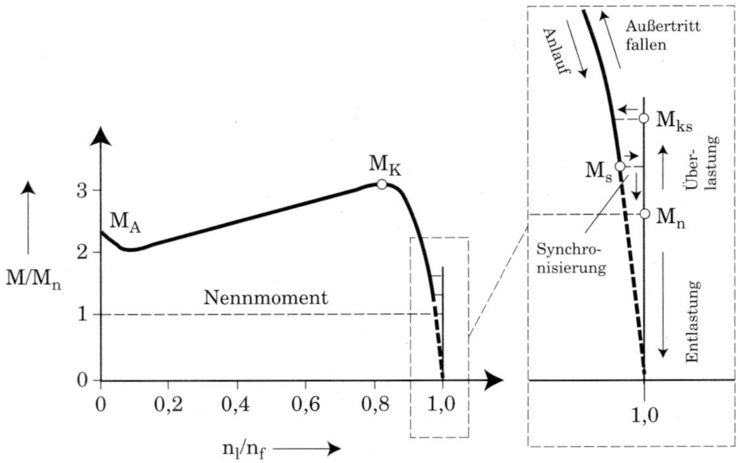

Abb. 1.38b Momentkurve eines Reluktanzmotors

Bereich der Pole am geringsten und im Bereich der Pollücken am größten ist.

Reluktanzmotoren entwickeln bei Anschluß an das Drehstromnetz wie normale Käfigläufermotoren ein Drehmoment und laufen bis in die Nähe der Synchrondrehzahl hoch, sofern das Motormoment während des gesamten Hochlaufvorgangs größer ist als das Gegenmoment. Der Anlaufstrom ist meist etwas größer und das Anlaufmoment etwas geringer als bei vergleichbaren Käfigläufermotoren, da im Bereich der Pollücken ein vergrößerter Luftspalt vorhanden ist. Hat der Läufer etwa die Geschwindigkeit des Drehfeldes erreicht, entsteht aufgrund der magnetischen Kopplung von Ständerdrehfeld und Läuferpolen ein Synchronisiermoment (Reaktionsmoment), das den Läufer in den Synchronismus zieht. Nach diesem Synchronisierungsvorgang läuft der Motor trotz fehlender Läufererregung mit synchroner Drehzahl.

Die Wirkungsweise eines synchronisierten Reluktanzmotors entspricht etwa der eines Synchronmotors. Der Läufer dreht sich synchron mit der Geschwindigkeit des Ständerdrehfeldes. In ähnlicher Weise wie die Pole des umlaufenden Ständerdrehfeldes auf die Läuferpole einwirken, versucht beim Reluktanzmotor der magnetische Fluß des Ständerdrehfeldes den Läufer im Bereich der ausgeprägten Pole zu durchsetzen. Der kleine Luftspalt an diesen Stellen hat einen kleineren magnetischen Widerstand zur Folge als im Bereich der Pollücken. Das Bestreben des magnetischen Flusses, nicht den größeren magnetischen Widerstand im Bereich der Pollücken überwinden zu müssen, führt zur Entstehung eines synchronen Drehmoments und zur Beibehaltung der synchronen Drehzahl bei Belastung. Wegen der fehlenden Gleichstromerregung im Läufer ist das synchrone Drehmoment eines Reluktanzmotors wesentlich geringer als das eines vergleichbaren Synchronmotors.

Nach erfolgter Synchronisierung zeigen Reluktanzmotoren ein ähnliches Betriebsverhalten wie normale Synchronmotoren. Der Läufer dreht sich mit der Geschwindigkeit des Ständerdrehfeldes, die von der Netzfrequenz und der Polpaarzahl abhängig ist. Bei Belastung bleiben die ausgeprägten Läuferpole um dem Lastwinkel hinter dem Ständerdrehfeld zurück. Wird der Motor mit einem Drehmoment belastet, das größer ist als sein synchrones Kippmoment, so fällt er außer Tritt und läuft wie ein Asynchronmotor mit einer belastungsabhängigen Drehzahl weiter (Abb. 1.38b). Das Synchronisieren erfolgt erneut selbständig, sobald das Belastungsmoment das Synchronisiermoment unterschreitet. Wird der Motor jedoch mit einem Drehmoment belastet, das größer ist als sein asynchrones Kippmoment, so kommt der Läufer zum Stillstand.

Aufgrund des vergrößerten Luftspalts im Bereich der Pollücken am Läuferumfang, haben Reluktanzmotoren eine verhältnismäßig große Streuung, die zu einem großen induktiven Blindleistungsbedarf und einem entsprechenden anteil führt. Dies hat einen ungünstigen Leistungsfaktor zur Folge, der bei Nennbetrieb etwa 0,4 bis 0,5 betragen kann. Bei der Projektierung von Antrieben mit Reluktanzmotoren muß dieser Blindleistungsbedarf beachtet werden.

Drehstrom-Reluktanzmotoren werden hauptsächlich dort eingesetzt, wo eine Arbeitsmaschine an verschiedenen Stellen mit genau der gleichen Drehzahl angetrieben werden soll und die Verwendung eines einzigen Motors mit mechanischer Übertragung des Drehmoments an die einzelnen Antriebsstellen zu umständlich oder teuer wäre.

Anwendungsbeispiele dafür sind der Antrieb von Spinnereimaschinen, Pumpen und Förderanlagen.

2. Frequenzumrichter

Der Frequenzumrichter hat seit Ende der sechziger Jahre eine stürmische Entwicklung durchlaufen. Besonders die Entwicklung in der Mikroprozessor- und Halbleitertechnik sowie die Preise dieser Bauelemente hat große Fortschritte der Frequenzumrichter ausgelöst. Die grundlegenden Prinzipien sind aber gleich geblieben.

Der Frequenzumrichter kann in vier Hauptbestandteile unterteilt werden:

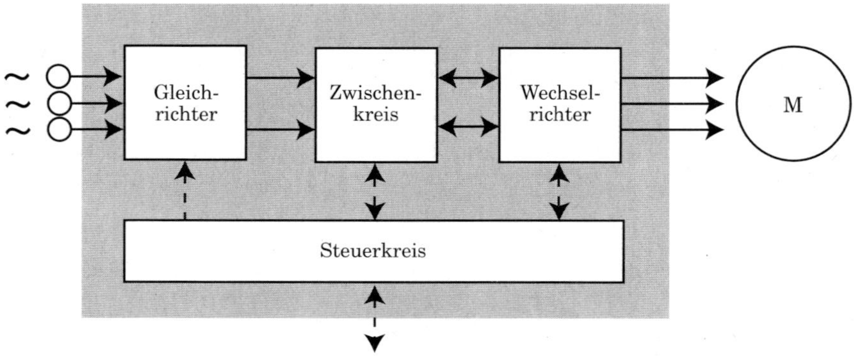

Abb. 2.01 Prinzipdiagramm des Frequenzumrichters

1. Der Gleichrichter wird an das Wechsel-/Drehstromnetz angeschlossen und erzeugt eine pulsierende Gleichspannung. Es gibt zwei Grundtypen von Gleichrichtern – gesteuerte und ungesteuerte.

2. Zwischenkreis. Es gibt drei Typen:
   a) Der Zwischenkreis, der die Spannung des Gleichrichters in einen Gleichstrom umformt.
   b) Der Zwischenkreis, der die pulsierende Gleichspannung stabilisiert bzw. glättet und dem Wechselrichter zur Verfügung stellt.
   c) Der Zwischenkreis, der die konstante Gleichspannung des Gleichrichters variabel macht.

3. In dem Wechselrichter wird die Frequenz der Motorspannung erzeugt. Alternativ dazu kann ein weiterer Wechselrichtertyp außerdem die konstante Gleichspannung in eine variable Wechselspannung umformen.

4. Die Elektronik im Steuerkreis kann Signale sowohl an den Gleichrichter, Zwischenkreis als auch an den Wechselrichter übertragen und empfangen. Welche Teile im einzelnen angesteuert werden, ist vom Aufbau des einzelnen Frequenzumrichters abhängig (s. Abb. 2.02).

Gemeinsam für alle Frequenzumrichter gilt, daß der Steuerkreis mit Signalen die Halbleiter des Wechselrichters ein- oder ausschaltet. Dieses Schaltmuster kann nach unterschiedlichen Prinzipien aufgebaut werden. Die Frequenzumrichter werden nach dem Schaltmuster unterteilt, das die Versorgungspannung des Motors steuert.

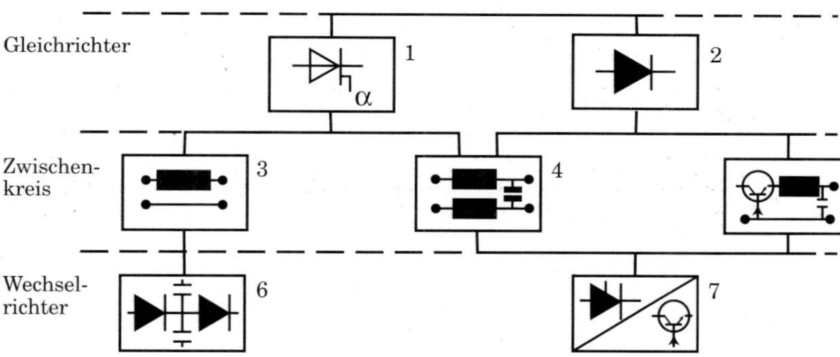

Stromgeführter Umrichter: CSI
(1 + 3 + 6)

Puls-Amplituden-modulierter Umrichter: PAM
(1 + 4 + 7) (2 + 5 + 7)

Puls-Weiten-modulierter Umrichter: PWM/VVC^{plus}
(2 + 4 + 7)

Abb. 2.02 Verschiedene Konstruktionsprinzipien

Der Vollständigkeit halber soll noch der Umrichtertyp ohne Zwischenkreis (Direktumrichter) erwähnt werden. Dieser wird im MW-Leistungsbereich eingesetzt. Hierbei wird direkt aus dem 50-Hz Netz ein niederfrequentes Netz erzeugt. Die maximale Ausgangsfrequenz liegt bei ca. 30 Hz.

Gleichrichter

Die Versorgungsspannung ist eine Dreiphasen-Wechselspannung oder eine einphasige Wechselspannung mit fester Frequenz (z.B. 3 × 400 V/50 Hz oder 1 × 240 V/50 Hz)

Die Abbildungen unten zeigen einige charakteristische Größen.

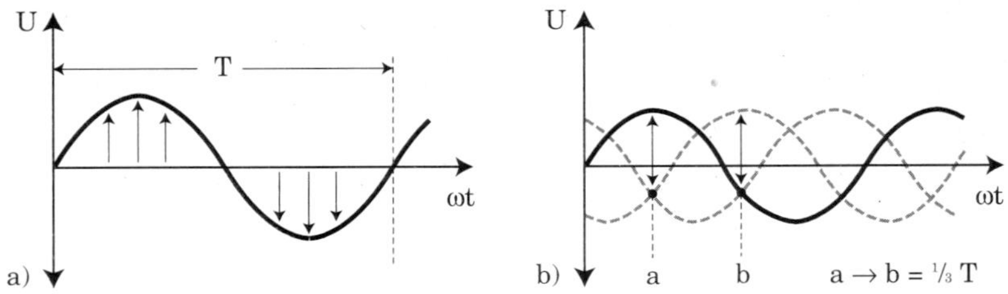

Abb. 2.03 Ein- und Dreiphasen-Wechselspannung

Die Abb. zeigt, daß die drei Phasen zeitlich verschoben sind. Die Phasenspannung ändert ständig die Richtung, die Frequenz gibt die Häufigkeit an. Eine Frequenz von 50 Hz bedeutet, daß es 50 Perioden pro Sekunde gibt (50 × T), d.h., eine Periode dauert 20 Millisekunden.

Der Gleichrichter des Frequenzumrichters besteht entweder aus Dioden, Thyristoren oder einer Kombination dieser Halbleiter. Ein aus Dioden bestehender Gleichrichter ist ungesteuert. Ein aus Thyristoren bestehender Gleichrichter ist gesteuert. Bei einer Kombination von Dioden und Thyristoren ist der Gleichrichter halbgesteuert.

Ungesteuerter Gleichrichter

Der ungesteuerte Gleichrichter besteht aus Dioden.

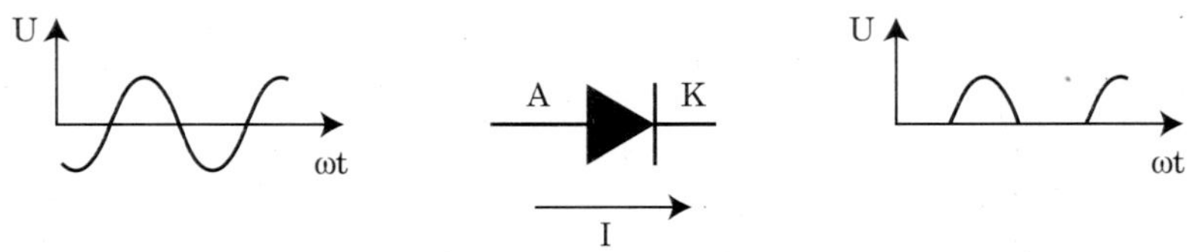

Abb. 2.04 Wirkungsweise der Diode

Eine Diode läßt den Strom nur in eine Richtung fließen: von der Anode (A) zur Kathode (K). Die Diode sperrt einen Strom, der von der Kathode zur Anode will. Es ist nicht möglich, wie bei anderen Halbleitern, die Stromstärke zu steuern.
Eine Wechselspannung über eine Diode wird in eine pulsierende Gleichspannung gewandelt. Wird eine Dreiphasen-Wechselspannung auf einen ungesteuerten Dreiphasen- Gleichrichter gelegt, pulsiert die Gleichspannung immer noch.

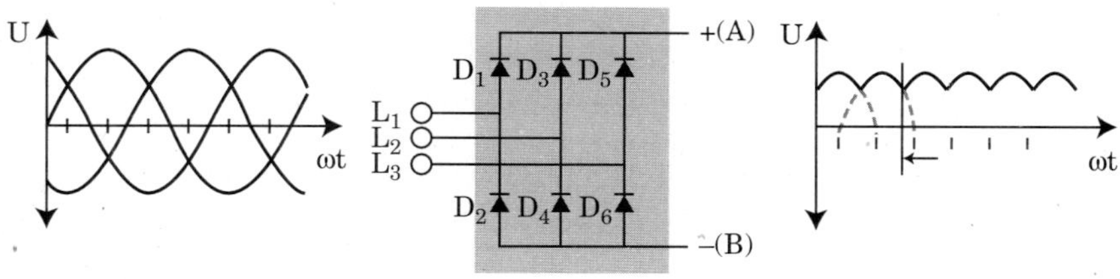

Abb. 2.05 Der ungesteuerte Gleichrichter

Die Abbildung zeigt den ungesteuerten Dreiphasen-Gleichrichter, bestehend aus zwei Diodengruppen. Die eine Gruppe besteht aus den Dioden D_1, D_3 und D_5. Die andere Gruppe aus den Dioden D_2, D_4 und D_6. Jede Diode leitet ⅓ der Periodenzeit (120°).
In den beiden Gruppen lösen die Dioden sich wechselweise ab. Perioden, in denen beide Gruppen leiten, sind zeitmäßig um ⅙ der Periodenzeit T (60°) im Verhältnis zueinander verschoben.

Die Diodengruppe $D_{1,3,5}$ leitet die positive Spannung. Wenn die Spannung in Phase L_1 den positiven Scheitelwert erreicht, nimmt die Klemme A den Wert von Phase L_1 an. Über den beiden anderen Dioden liegen Sperrspannungen der Größen U_{L1-2} und U_{L1-2}.

Entsprechendes gilt für die Diodengruppe $D_{2,4,6}$. Hier nimmt Klemme B die negative Spannung der Phasen an. Wenn zu einem Zeitpunkt L_3 den negativen Scheitelwert erreicht, leitet die Diode D_6.
An den beiden anderen Dioden liegen Sperrspannungen der Größen U_{L3-1} und U_{L3-2}.

Die Ausgangsspannung des ungesteuerten Gleichrichters hat die Differenz der Spannungen der beiden Diodengruppen. Der Mittelwert der pulsierenden Gleichspannung ist 1,35 × Netzspannung.

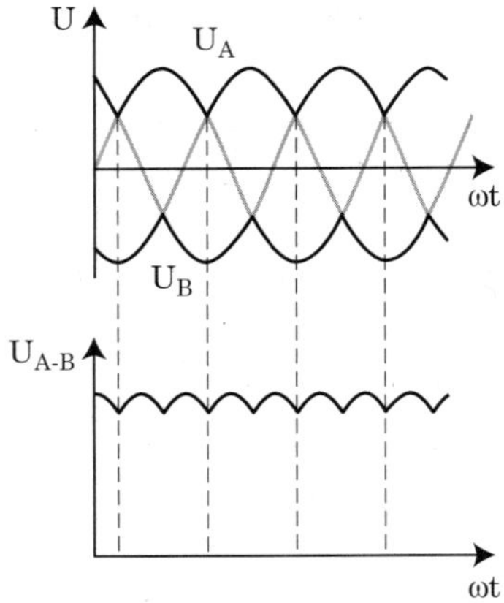

Abb. 2.06 Die Ausgangsspannung des ungesteuerten Dreiphasen-Gleichrichters

Gesteuerter Gleichrichter

Im gesteuerten Gleichrichter werden die Dioden durch Thyristoren ersetzt. Der Thyristor erlaubt wie die Diode nur die Stromrichtung von der Anode (A) zur Kathode (K). Abweichend von der Diode hat der Thyristor jedoch einen dritten Anschluß »Gate« (G). Dieser muß durch ein Signal angesteuert werden, bevor der Thyristor Strom leitet. Wenn erst ein Strom durch den Thyristor fließt, leitet dieser solange, bis der Strom zu Null wird.

Der Strom kann durch ein Signal auf das »Gate« nicht unterbrochen werden. Thyristoren werden sowohl in Gleichrichtern als auch in Wechselrichtern verwendet.

Das Signal auf das »Gate« ist das Steuersignal α des Thyristors. α ist eine Zeitverzögerung und wird in Grad angegeben. Die Gradzahl gibt die Verzögerung zwischen dem Nulldurchlauf der Spannung und dem Zeitpunkt an, wann der Thyristor eingeschaltet wird.

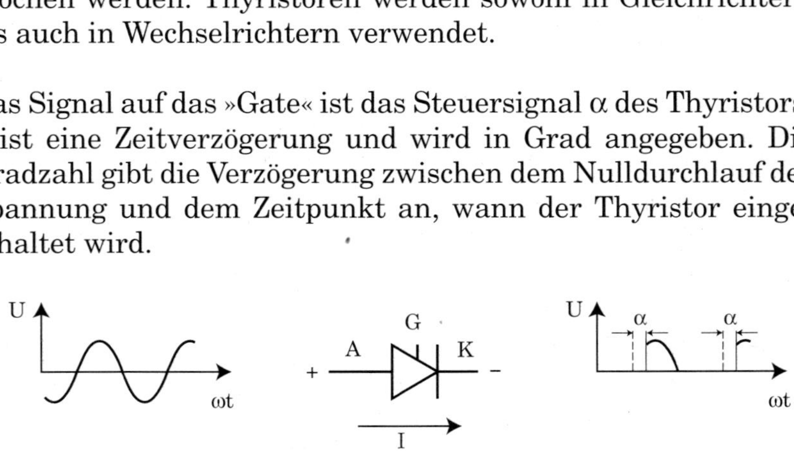

Abb. 2.07 Wirkungsweise des Thyristors

Bei α zwischen 0° und 90° wird die Thyristorenschaltung als Gleichrichter und zwischen 90° und 300° als Wechselrichter verwendet.

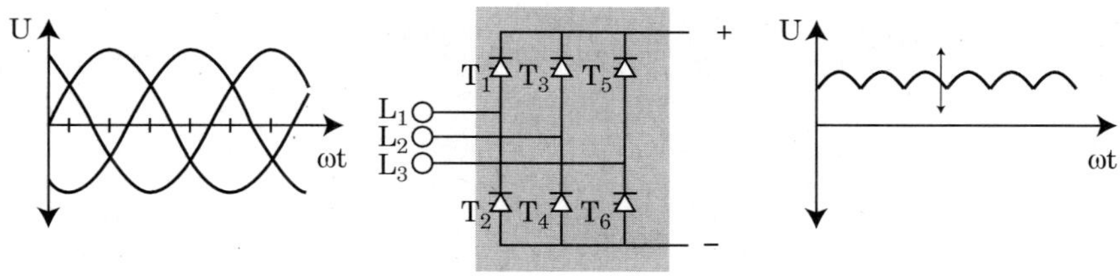

Abb. 2.08 Der gesteuerte Dreiphasen-Gleichrichter

Die gesteuerten Dreiphasen-Gleichrichter lassen sich in zwei Gruppen mit den Thyristoren T_1, T_3 und T_5 sowie den Thyristoren T_2, T_4 und T_6 unterteilen. α wird im gesteuerten Gleichrichter von dem Punkt an gerechnet, wo die entsprechende Diode des ungesteuerten Gleichrichters zu leiten beginnt. Dieser Punkt liegt bei 30° nach dem Nulldurchlauf der Spannung. Ansonsten folgt die Beschreibung dem ungesteuerten Gleichrichter.

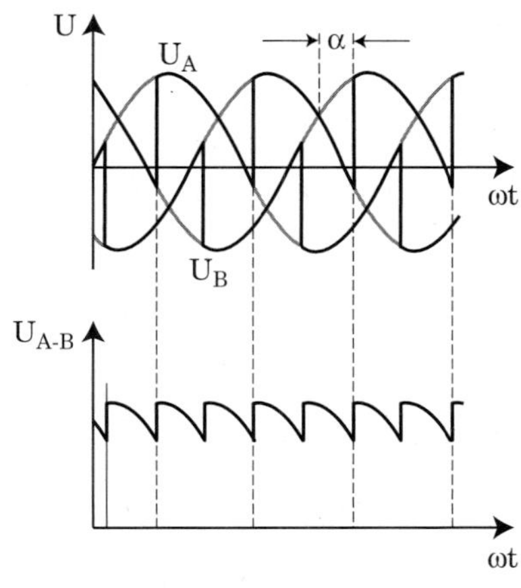

Abb. 2.09 Die Ausgangsspannung des gesteuerten Dreiphasen-Gleichrichters

Durch die Regelung von α kann die Größe der gleichgerichteten Spannung variiert werden. Der gesteuerte Gleichrichter liefert eine Gleichspannung mit dem Mittelwert 1,35 × Netzspannung × cos α.

Verglichen mit dem ungesteuerten Gleichrichter verursacht der gesteuerte Gleichrichter große Verluste und Störungen im Versorgungsnetz, weil der Gleichrichter einen großen Blindstrom aufnimmt, wenn die Thyristoren für kurze Zeiten leiten. Dies ist eine der Ursachen dafür, daß Thyristoren hauptsächlich im Wechselrichter der Frequenzumrichter eingesetzt werden.

Der Vorteil des gesteuerten Gleichrichters ist, daß Bremsleistungen im Zwischenkreis ins Versorgungsnetz zurückgeführt werden können.

Zwischenkreis

Der Zwischenkreis kann als Speicher betrachtet werden, aus dem der Motor über den Wechselrichter seine Energie holen kann. Der Zwischenkreis kann nach drei verschiedenen Prinzipien aufgebaut sein. Der eingesetzte Zwischenkreistyp wird danach bestimmt, mit welchem Gleichrichter und Wechselrichter er kombiniert werden soll.

Stromgeführter Frequenzumrichter (I-Umrichter)

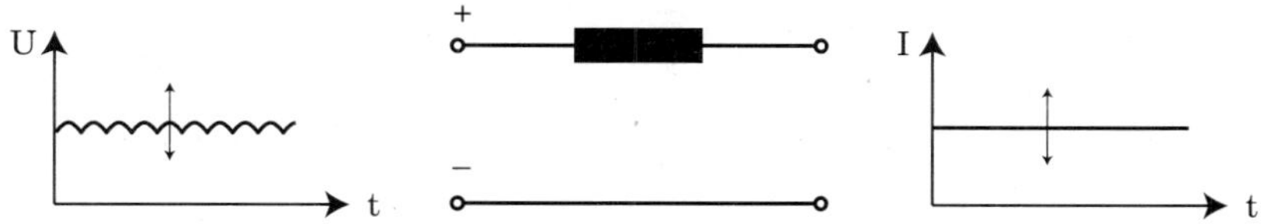

Abb. 2.10 Variabler Gleichstromzwischenkreis

Dieser Zwischenkreistyp besteht aus einer sehr großen Spule und wird nur mit dem gesteuerten Gleichrichter kombiniert. Die Spule formt die variable Spannung des Gleichrichters in einen variablen Gleichstrom um. Die Belastung bestimmt die Größe der Motorspannung. Dieser Zwischenkreis hat den Vorteil, daß Bremsleistungen ohne zusätzliche Komponenten zurück ins Versorgungsnetz geführt werden können.

Spannungsgeführter Frequenzumrichter (U-Umrichter)

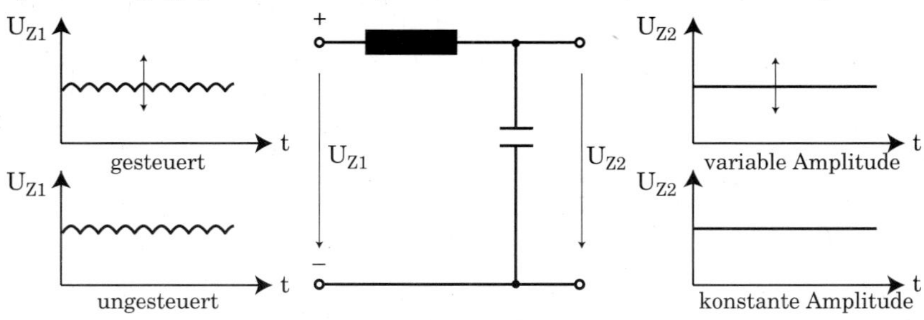

Abb. 2.11 Konstanter Gleichspannungszwischenkreis

Der Zwischenkreis kann aus einem Filter bestehen, der einen Kondensator und eine Spule beinhaltet. Dieser Zwischenkreis kann mit beiden Gleichrichtertypen kombiniert werden. Der Filter glättet die pulsierende Gleichspannung (U_{Z1}) des Gleichrichters. Beim gesteuerten Gleichrichter wird die Spannung bei einer gegebenen Frequenz konstant gehalten. Die Spannung, die zum Wechselrichter weitergeführt wird, ist somit eine reine Gleichspannung (U_{Z2}) mit variabler Amplitude.

Beim ungesteuerten Gleichrichter ist die Spannung am Eingang des Wechselrichters eine Gleichspannung mit konstanter Amplitude.

Variable Gleichspannungszwischenkreis

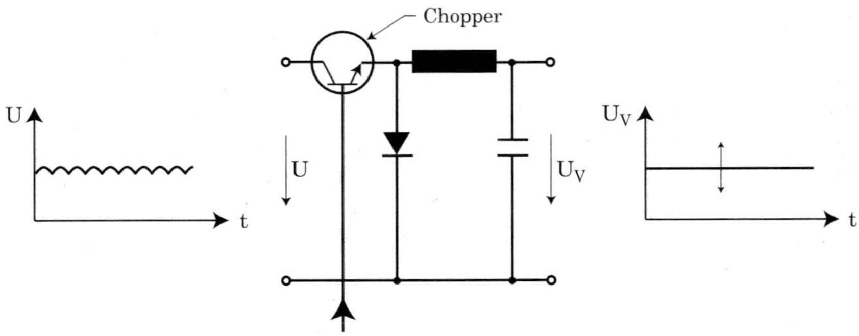

Abb. 2.12 Variabler Spannungszwischenkreis

Im Zwischenkreis kann letztlich ein Chopper (Hacker) vor einen Filter wie oben eingesetzt werden. Der Chopper hat einen Transistor, der als Schalter funktioniert und die gleichgerichtete Spannung ein- oder ausschaltet. Der Steuerkreis regelt den Chopper durch Vergleich der variablen Spannung (U_V) nach dem Filter mit dem Eingangssignal.

Bei einem Unterschied wird das Verhältnis mit der Zeit t_{on} wenn der Transistor leitet und der Zeit t_{off} wenn dieser sperrt, geregelt. Der Effektivwert der Gleichspannung wird somit variabel und die Größe ist davon abhängig, wie lange der Transistor geöffnet ist:

$$U_V = U \times \frac{t_{on}}{t_{on} + t_{off}}$$

Wenn der Choppertransistor den Strom unterbricht, macht die Spule des Filters die Spannung über den Transistor unendlich groß. Um dies zu vermeiden, wird der Chopper durch eine Freilaufdiode geschützt. Wenn der Transistor wie gezeigt öffnet und schließt, ist die Spannung am größten im Zustand 2 (Abb. 2.13a).

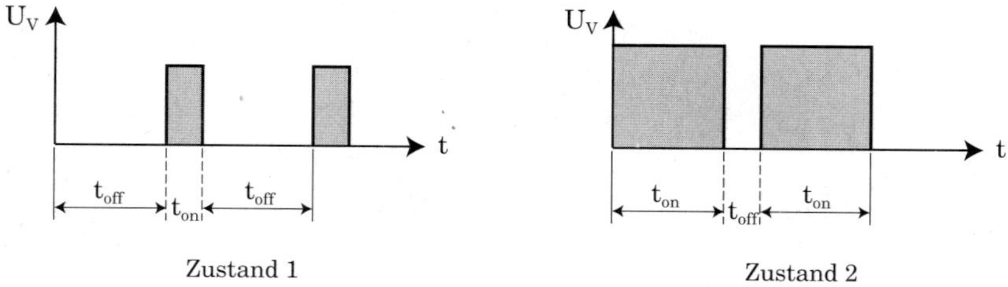

Abb. 2.13a Der Choppertransistor regelt die Zwischenkreisspannung

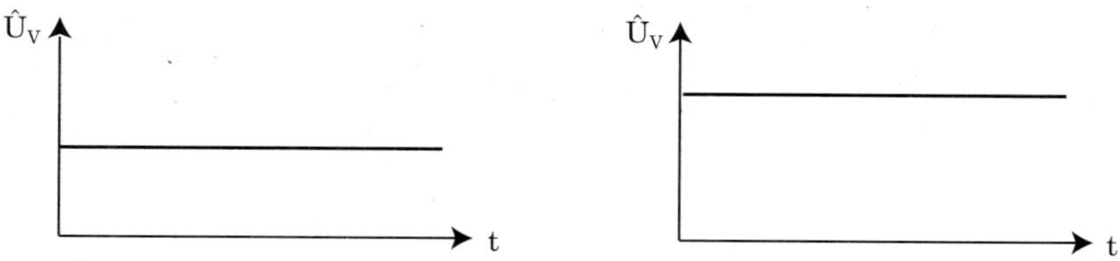

Abb. 2.13b Effektivwert ($\hat{U}_V$) der variablen Spannung

Der Filter des Zwischenkreises soll die Rechteckspannung nach dem Chopper glätten. Kondensator und Spule des Filters halten dabei die Spannung bei einer gegebenen Frequenz konstant.

Außer den oben genannten Funktionen bietet der Zwischenkreis, je nach Auslegung, zusätzlich einige Funktionen wie, z.B.

- die Entkopplung zwischen Gleich- und Wechselrichter,
- Reduzierung der Netzrückwirkungen,
- Energiespeicher zur Abdeckung stoßförmiger Laststöße.

Wechselrichter

Der Wechselrichter ist das letzte Glied im Frequenzumrichter vor dem Motor. Hier erfolgt die letzte Anpassung der Ausgangsspannung. Beim direkten Anschluß des Motors an das Versorgungsnetz bestehen die idealen Betriebsverhältnisse im Nennbetriebspunkt.

Der Frequenzumrichter gewährleistet gute Betriebsbedingungen im ganzen Regelbereich durch die Anpassung der Ausgangsspannung an die Belastungsbedingungen. Es ist somit möglich, die Magnetisierung des Motors optimal zu halten.

Vom Zwischenkreis zum Wechselrichter kommt entweder
- ein variabler Gleichstrom,
- eine variable Gleichspannung oder
- eine konstante Gleichspannung.

In allen Fällen muß mit dem Wechselrichter dafür gesorgt werden, daß die Versorgung zum Motor eine Wechselgröße wird. Mit anderen Worten, im Wechselrichter muß die Frequenz der Motorspannung erzeugt werden. Die Steuerung des Wechselrichters ist davon abhängig, ob eine variable oder konstante Größe empfangen wird. Bei variablem Strom oder Spannung muß im Wechselrichter nur die Frequenz erzeugt werden. Bei konstanter Spannung wird mit dem Wechselrichter die Frequenz und Amplitude der Spannung erzeugt.

Auch wenn die Wechselrichter unterschiedlich wirken, der prinzipielle Aufbau ist immer gleich. Die Hauptkomponenten sind gesteuerte Halbleiter, die paarweise auf drei Zweigen angeordnet sind.

In den letzten Jahren wurden die Thyristoren der Wechselrichter durch moderne Bauelemente wie Bipolar (LTR), Unipolar (MOS) Transistor und Insulated Gate Bipolar Transistor (IGBT) ersetzt. Diese haben den Vorteil, daß sie jederzeit leiten oder sperren können. Der Wechsel vom leitenden in den gesperrten Zustand erfolgt sofort.

Thyristoren können nur mit Hilfe einer Löschschaltung abgeschaltet werden, da sie erst wechseln, wenn die Spannung wieder zu Null wird. Die Schaltfrequenz für Thyristoren liegt maximal bei etwa 2 kHz und für moderne Bauelemente wie IGBT's bei etwa 20 kHz.

Der Bereich der Schaltfrequenz des Wechselrichters kann daher wesentlich erweitert werden (von 300 Hz auf 20 kHz).

Die Halbleiter des Wechselrichters leiten und sperren Signale je nach Ansteuerung vom Steuerkreis. Die Signale sind nach verschiedenen Prinzipien steuerbar. Wenn der Wechselrichter einen Strom verarbeiten soll, sind einige andere Komponenten notwendig im Vergleich mit einem Wechselrichter, der eine Spannung verarbeiten soll.

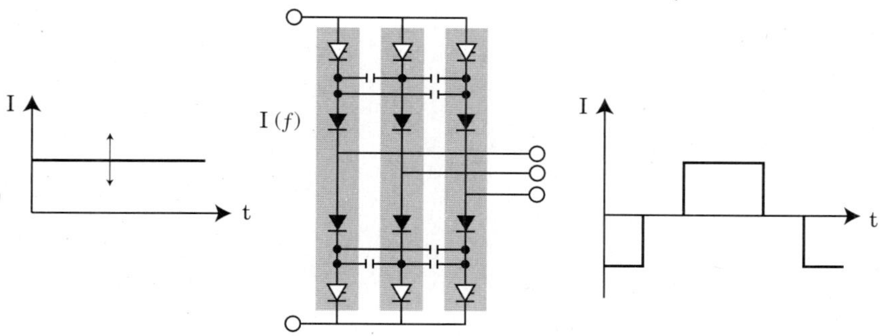

Abb. 2.14 Wechselrichter für variablen Zwischenkreisstrom

Der Wechselrichter besteht vereinfacht dargestellt aus sechs Dioden, sechs Thyristoren und sechs Kondensatoren.

Die Kondensatoren müssen die Energie beinhalten, die für das Ausschalten (löschen) der Thyristoren benötigt wird und müssen daher der Motorgröße angepaßt sein.

Die Kondensatoren erlauben das Ein- und Ausschalten der Thyristoren, damit der Strom 120 Grad in den Phasenwicklungen verschoben wird. Durch das periodische und wechselseitige Anlegen des Stroms an die Motorklemmen U-V, V-W, W-U, U-V … entsteht ein Springen des Drehfeld mit der gewünschten Frequenz im Stator. Auch wenn der Motorstrom hierbei viereckig wird, ist die Motorspannung fast sinusförmig. Es gibt jedoch jedesmal Spannungsspitzen, wenn der Strom ein- oder ausgeschaltet wird.

Die Dioden trennen die Kondensatoren vom Belastungsstrom des Motors.

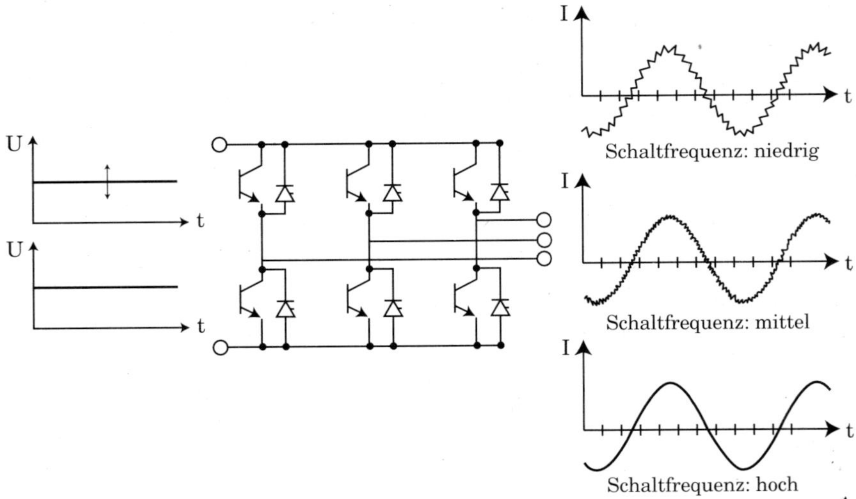

Abb. 2.15 Wechselrichter für variable oder konstante Zwischenkreisspannung und der Ausgangsstrom in Abhängigkeit von der Schaltfrequenz des Wechselrichters

Dieser Wechselrichter besteht aus sechs Thyristoren, Transistoren oder anderen elektronischen Schaltelementen. Unabhängig vom eingesetzten Halbleitertyp ist die Funktion im Prinzip gleich. Der Steuerkreis schaltet die Halbleiter nach verschiedenen Prinzipien (Modulation) aus und ein und ändert damit die Ausgangsfrequenz des Frequenzumrichters.

Ein Prinzip arbeitet mit der variablen Spannung oder Strom im Zwischenkreis.

Die Intervalle, während der einzelne Halbleiter leiten oder sperren, werden in ein Muster gelegt, das abhängig zu der gewünschten Ausgangsfrequenz durchfahren wird.

Das Schaltmuster der Halbleiter wird von der Größe der variablen Spannung oder Strom des Zwischenkreises gesteuert. Mit einem spannungsgesteuerten Oszillator folgt die Frequenz immer der Amplitude der Spannung. Diese Steuerung des Wechselrichters wird als Puls-Amplituden-Modulation bezeichnet.

Ein anderes Prinzip arbeitet mit einer festen Zwischenkreisspannung. Die Motorspannung wird dadurch variabel gemacht, daß die Zwischenkreisspannung über längere oder kürzere Zeit

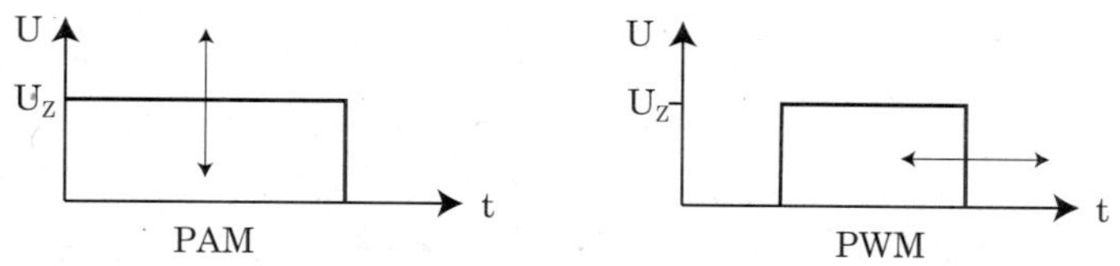

Abb. 2.16 Modulation von Amplitude und Breite des Puls

auf die Motorwicklungen gelegt wird. Die Änderung der Frequenz erfolgt dadurch, daß die Spannungspulse der einen Halbperiode positiv und der anderen negativ in der Zeitachse variiert werden können.

Dieses Prinzip ändert somit die Breite der Spannungspulse (englisch: Width) und wird daher als »Puls-Width-Modulation« bezeichnet. Traditionell findet der Steuerkreis die Ein- und Ausschaltpunkte der Halbleiter als Schnittpunkte zwischen einer Dreieckspannung und einer überlagerten sinusförmigen Referenzspannung (sinusgesteuerter PWM).

Es gibt andere Möglichkeiten die Ein- und Ausschaltpunkte der Halbleiter zu finden. Das Danfoss VVC- und VVC^{plus}-Steuerprinzip arbeitet auf der Basis der Berechnungen eines Mikroprozessors, um die optimalen Schaltpunkte der Halbleiter des Wechselrichters zu finden. Die beiden Prinzipien sind ab Seite 83 beschrieben.

Transistoren

Transistoren, die es heute für große Ströme, hohe Spannungen und Schaltfrequenzen gibt, ersetzen die früher im Wechselrichter des Frequenzumrichters verwendeten Thyristoren. Im Gegensatz zum Thyristor und zur Diode ist der Transistor unabhängig vom Nulldurchlauf des Stroms. Transistoren können jederzeit durch eine Änderung der Polarität der Steuerklemmen leiten oder sperren. Die Entwicklung der letzten Jahre in der Halbleitertechnik hat die Schaltfrequenz der Transistoren wesentlich erhöht. Die obere Schaltgrenze beträgt heute mehrere hundert Kilohertz.

Die magnetischen Störungen durch die »Puls«-Magnetisierung im Motor werden so vermindert.

Ein anderer Vorteil der hohen Schaltfrequenz ist die variable Modulation der Ausgangsspannung des Frequenzumrichters. Ein sinusförmiger Motorstrom kann damit erreicht werden. Der Steuerkreis des Frequenzumrichters muß nur die Transistoren des Wechselrichters nach einem passenden Muster aus- und einschalten.

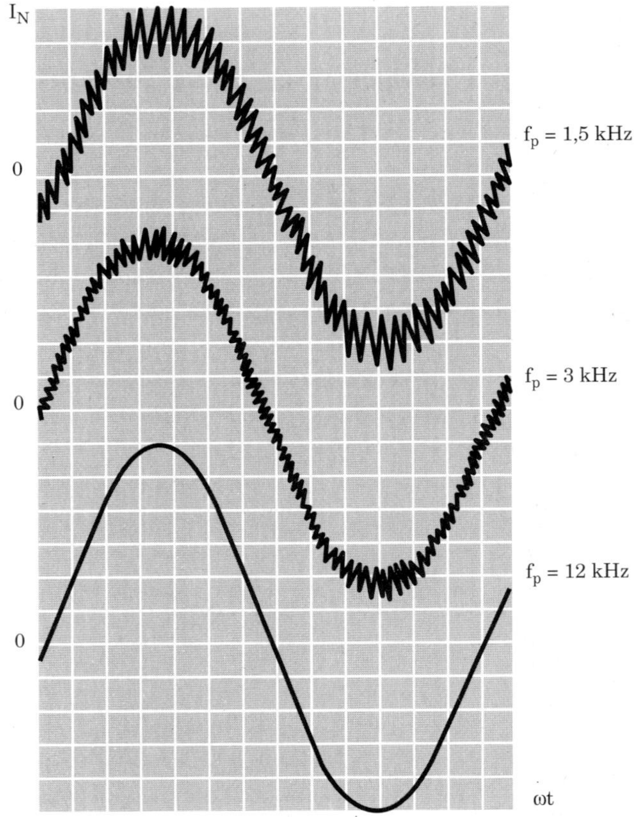

Abb. 2.17 Einfluß der Schaltfrequenz auf den Motorstrom

Die Schaltfrequenz des Wechselrichters ist ein Kompromiß zwischen den Verlusten im Motor (Sinusform des Motorstroms) und den Verlusten im Wechselrichter. Bei einer größeren Schaltfrequenz steigen die Verluste im Wechselrichter nach der Zahl der Halbleiterschaltungen.

Die hochfrequenten Transistoren können in drei Haupttypen unterteilt werden:
- Bipolare (LTR)
- Unipolare (MOS-FET)
- Insulated-Gate-Bipolare (IGBT)

Der IGBT Transistor kombiniert die Eigenschaften der MOS-FET Transistoren mit den Ausgangseigenschaften der LTR Transistoren.

Heute werden sowohl die Elemente als auch die Steuerung des Wechselrichters in einem Modul gegossen. Diese werden »Intelligent Power Module« (IPM) genannt.

Untenstehende Tabelle zeigt die wesentlichen Unterschiede.

Halbleiter / Eigenschaft	**MOS-FET**	**IGBT**	**LTR**
Symbol	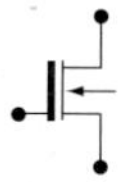	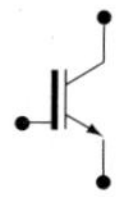	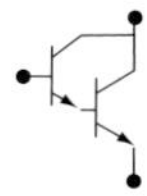
Aufbau	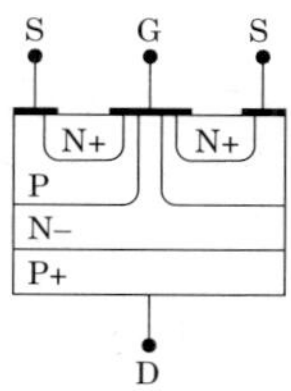	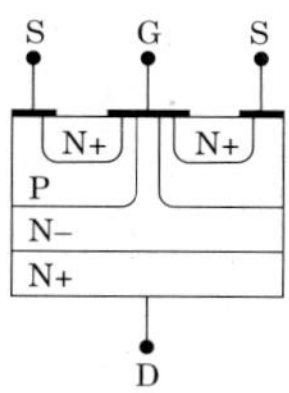	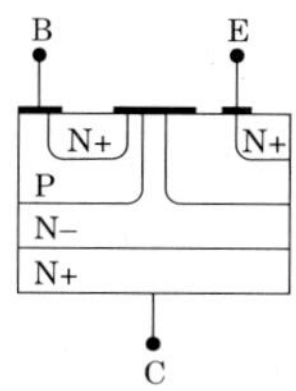
Leitverhältnisse Stromleiteigenschaft Verluste	Niedrig Hoch	Hoch Gering	Hoch Gering
Sperrverhältnisse Obere Grenze	Niedrig	Hoch	Mittel
Schaltverhältnisse Einschaltzeit Auschaltzeit Verluste	Kurz Kurz Gering	Mittel Mittel Mittel	Mittel Niedrig Groß
Steuerverhältnisse Leistung Größe	Niedrig Spannung	Niedrig Spannung	Hoch Strom

Abb. 2.18 Vergleich der Leistungstransistoren

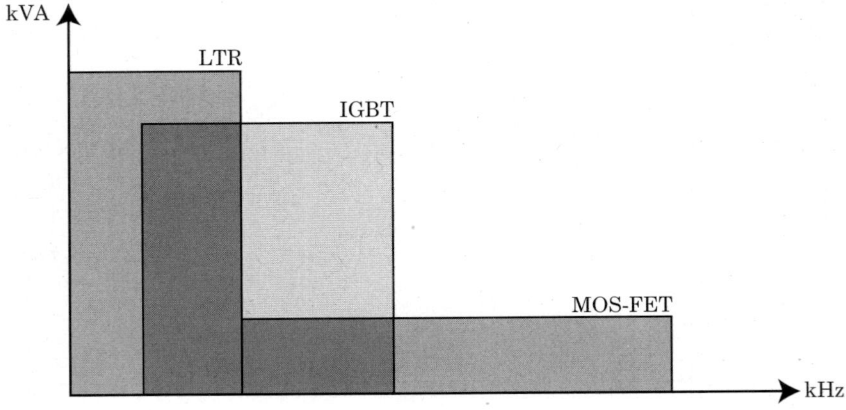

Abb. 2.19 Leistung und Frequenzbereich der Leistungs-transistoren

Der IGBT Transistor paßt gut zum Frequenzumrichter. Das gilt sowohl für den Leistungsbereich, die gute Leitfähigkeit, die hohe Schaltfrequenz als auch für die leichte Ansteuerung.

Puls-Amplituden-Modulation (PAM)

Das PAM-Verfahren wird bei Frequenzumrichter mit variabler Zwischenkreisspannung verwendet. Die Amplitude der Ausgangsspannung wird entweder von dem Zwischenkreischopper bei Frequenzumrichtern mit ungesteuertem Gleichrichter oder direkt bei Frequenzumrichtern mit gesteuertem Gleichrichter erzeugt.
Nachfolgend wird die Spannungserzeugung bei Frequenzumrichtern mit Zwischenkreischopper erläutert.

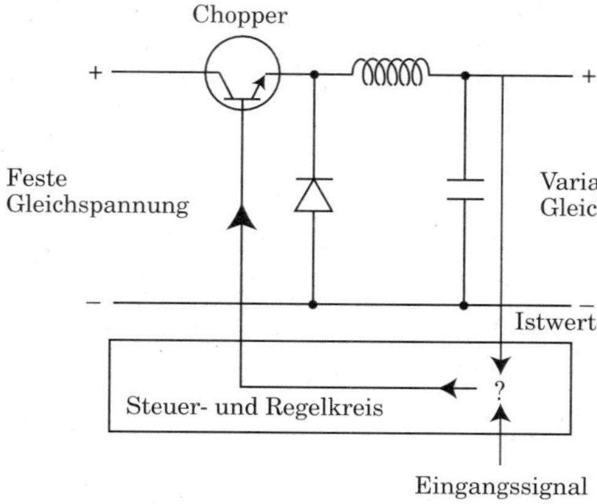

Abb. 2.20 Spannungsregelung

Der Transistor (Chopper) in Abb. 2.20 wird von dem Steuer- und Regelkreis ein- und ausgeschaltet. Die Schaltzeitpunkte sind von dem Sollwert (Eingangssignal) und dem gemessenen (Istwert) Spannungssignal abhängig. Der Istwert wird an dem Kondensator gemessen. Spule und Kondensator sind als Filter, um die Welligkeit der Spannung zu glätten, zu sehen. Die Spannungshöhe ist von den Öffnungszeiten des Transistors abhängig. Bei unterschiedlichen Soll- und Istwerten wird der Chopper solange nachgeregelt, bis die gewünschte Spannungshöhe nach dem Chopper eingetreten ist.

Steuerung der Frequenz
Die Frequenz der Ausgangsspannung wird im Wechselrichter durch die Änderung der Periodenlänge variiert. Innerhalb einer Periode werden die Halbleiterschaltelemente mehrmals geschaltet.

Die Periodenlänge kann
1. direkt vom Eingangssignal oder
2. von der variablen Gleichspannung, die proportional dem Eingangssignal ist, gesteuert werden.

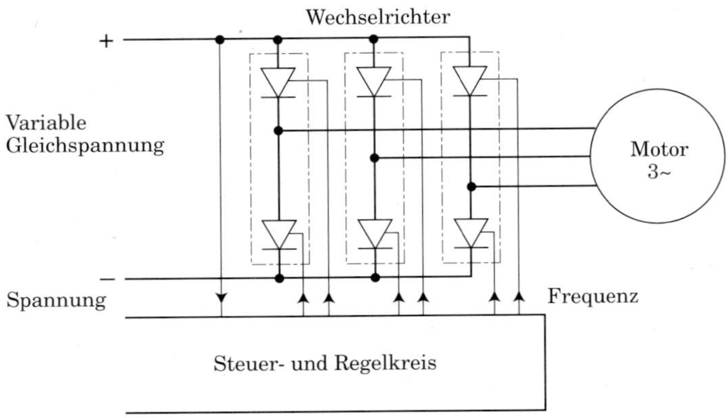

Abb. 2.21 Frequenzsteuerung über die Zwischenkreisspannung

Puls-Weiten-Modulation – (PWM)

Das meistverbreitete Verfahren zur Erzeugung einer Dreiphasenspannung mit entsprechender Frequenz ist die Puls-Weiten-Modulation.

Bei diesem Verfahren wird die volle Zwischenkreisspannung ($\sim\sqrt{2} \times U_{netz}$) über die leistungselektronischen Bauelemente ein- und ausgeschaltet. Das Tastverhältnis zwischen Ein- und Ausschaltzeit ist variabel und bewirkt die Spannungsverstellung.

Es gibt verschiedene Möglichkeiten zur Bestimmung der Ein- und Ausschaltzeiten des Wechselrichters. Nachfolgend wird auf das sogenannte sinusbewertete PWM-Verfahren (auch traditionelle PWM genannt) eingegangen, und außerdem auf weitere Möglichkeiten der heutigen Technologie, die Schaltzeitpunkte des Wechselrichters zu bestimmen.

Sinusgesteuerte Puls-Weiten-Modulation

Das Steuerprinzip arbeitet mit einer sinusförmigen Referenzspannung (U_S) für jeden Frequenzumrichterausgang. Die Periodenlänge der Sinusspannung entspricht der gewünschten Grundfrequenz der Ausgangsspannung. Die drei Referenzspannungen sind von einer Dreieckspannung (U_Δ) überlagert (siehe Abb. 2.22).

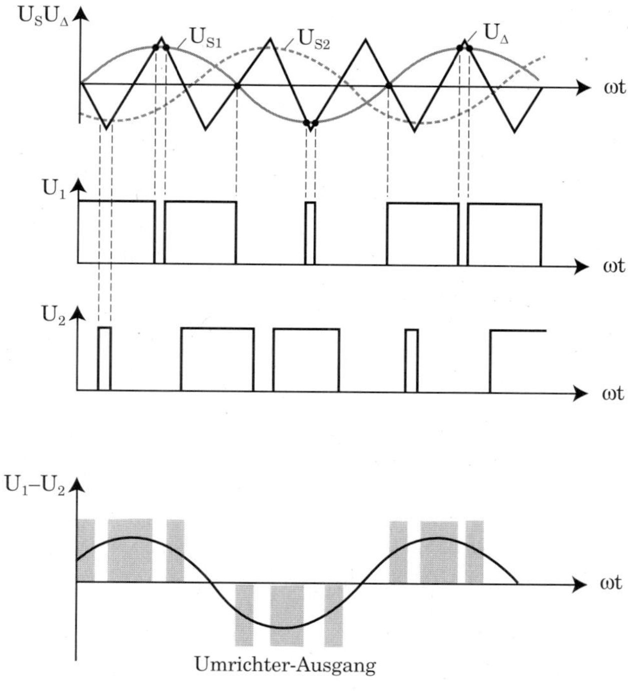

Abb. 2.22 Prinzip der sinusgesteuerten PWM (mit zwei Referenzspannungen; U_{S1}, U_{S2})

In den Schnittpunkten der Dreieckspannung und der Sinusreferenzen werden die Halbleiter des Wechselrichters ein- oder ausgeschaltet.

Die Schnittpunkte werden von der Elektronik der Steuerkarte verglichen. Wenn die Dreieckspannung größer als die Sinusspannung ist, wird der Ausgangspuls negativ bzw. positiv bei kleinerer Dreieckspannung. Die maximale Ausgangsspannung des Frequenzumrichters wird somit von der Zwischenkreisspannung bestimmt. Die Ausgangsfrequenz wird verändert, indem der Motor kürzere oder längere Zeit an die halbe Zwischenkreisspannung gelegt wird. Die Ausgangsspannung wird verändert, indem die Spannungsimpulse der Ausgangsklemmen des Frequenzumrichters in eine Folge schmalerer Einzelimpulse mit dazwischenliegenden Pausen aufgelöst werden. Dieses Verhältnis von Impuls zu Pause kann je nach gewünschter Spannung verändert werden. Die Amplitude der negativen und positiven Spannungspulse entspricht damit immer der halben Zwischenkreisspannung.

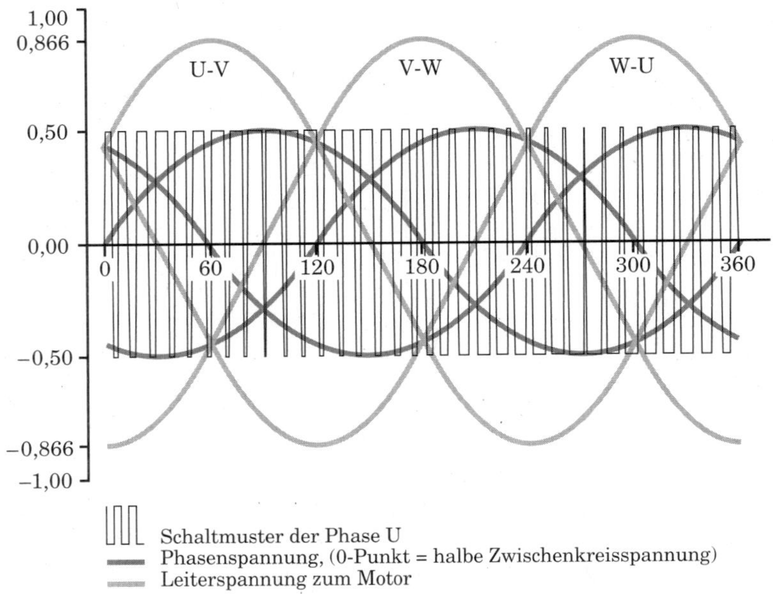

Abb. 2.23 Ausgangsspannung bei sinusgesteuerter PWM

Bei niedrigen Statorfrequenzen steigt die Periodenzeit. Sie kann so groß werden, daß es nicht möglich ist, die Frequenz der Dreieckspannung zu halten.

Hierbei werden die spannungsfreien Perioden zu groß und der Motorlauf ungleichmäßig. Um dies zu vermeiden, kann die Frequenz der Dreieckspannung bei niedrigen Frequenzen verdoppelt werden.

Durch die niedrige Schaltfrequenz nehmen die akustischen Motorgeräusche zu. Um die Geräusche zu begrenzen, kann die Schaltfrequenz erhöht werden. Dies wurde durch die Weiterentwicklung der Halbleiter möglich. Eine annähernd sinusförmige Ausgangsspannung zu modulieren und einen angenähert sinusförmigen Strom zu erzeugen, ist somit möglich. Ein PWM-Frequenzumrichter, der ausschließlich mit einer sinusförmigen Referenzmodulation arbeitet, kann bis zu 86,6% der Nennspannung liefern (s. Abb. 2.23).

Die Phasenspannung der Ausgangsklemmen des Frequenzumrichters entspricht der halben Zwischenkreisspannung geteilt durch $\sqrt{2}$ und ist damit gleich der halben Versorgungsnetzspannung. Die Netzspannung der Ausgangsklemmen ist gleich $\sqrt{3}$ mal die Phasenspannung, und ist daher gleich 0,866 mal die Versorgungsnetzspannung.

Die Ausgangsspannung des Frequenzumrichters kann nicht mittels einer reinen Sinusmodulation die Motorspannung erreichen. Die Ausgangsspannung wird ca. 13% zu niedring sein.

Die benötigte zusätzliche Spannung läßt sich durch das Herabsetzen der Pulszahl erreichen, wenn die Frequenz ca. 45 Hz übersteigt. Die Methode hat den Nachteil, daß die Spannung stufenförmig wechselt und der Motorstrom instabil wird. Wenn die Pulszahl verringert wird, steigt der Inhalt an Überharmonischen am Frequenzumrichterausgang. Dadurch steigen die Verluste im Motor.

Bei einer anderen Methode werden andere Referenzspannungen anstelle der drei Sinusreferenzen benutzt. Das können z.B. trapezförmige Spannungen, treppenförmige Spannungen oder Spannungen mit einem anderen Zeitverlauf sein.

Eine einfach herzustellende Referenzspannung nutzt die 3. Harmonische der Sinusreferenz. Durch die Erhöhung der Amplitude der Sinusreferenz um 15,5% und der Addition der 3. Harmonischen wird ein Schaltmuster für die Halbleiter des Wechselrichters erreicht, das die Ausgangsspannung des Frequenzumrichters erhöht.

Synchrones PWM-Verfahren

Bei dem sinusbewerteten PWM-Verfahren war es notwendig, die Spannungsausnutzung zu optimieren und das Oberschwingungsspektrum zu minimieren. Wenn die Taktfrequenz (d.h. die Frequenz der Dreieckspannung) sehr groß gegenüber der Frequenz des Referenzsignals wird, können beide Signale asynchron zueinander verlaufen. Spätestens bei Frequenzverhältnissen in der Nähe von 10 und kleiner entstehen störende Unterschwingungen. Dadurch war es notwendig, die beiden Signale zu synchronisieren. Die Synchronisierung macht sich bei der sogenannten »Gangschaltung« bemerkbar.

Durch die günstige Entwicklung des Preis-/Leistungsverhältnisses der Mikroprozessortechnik, der integrierten Schaltungen sowie der Bauelementen der Leistungselektronik (Bipolar Transistoren und IGBT's), wurde die Bestimmung der Schaltzeitpunkte für den Wechselrichter bei einfachen Geräten durch einen Mikroprozessor (Computer) ausgeführt.

Die Spezifikationen der Software zur Berechnung der Schaltzeitpunkte sind firmenspezifisch und werden hier nicht erläutert.

Bei höheren Anforderungen an den Drehzahlstellbereich und Rundlaufeigenschaften des Antriebes erfolgen die Schaltzeitpunkte der Puls-Weiten-Modulation nicht mehr durch den Mikroprozessor sondern durch einen zusätzlichen digitalen Schaltkreis z.B. ein ASIC (Application Specific Integrated Circuit). In diesem Baustein steckt das »Know-How« der einzelnen Firmen. Die Mikroprozessoren übernehmen weitere Aufgaben.

Ein grundsätzliches Problem bei dem PWM-Verfahren ist die Bestimmung der optimalen Schaltzeitpunkte und Winkel für die Spannung über eine Periode hinaus. Diese Schaltzeitpunkte müssen so bestimmt werden, daß die Oberwellen minimal auftreten. Ein so erhaltenes Schaltmuster gilt nur für einen bestimmten (begrenzten) Frequenzbereich. Der Betrieb außerhalb dieses Bereichs macht ein neues Schaltmuster erforderlich. Solche Modulationstechniken (synchron) mit »Gangschaltungen« sind gut für Drehstrom-Antriebe mit niedrigen dynamischen Eigenschaften, bei denen Spannung und Frequenz (normale U/f-Steuerung) langsam verändert werden kann.

Asynchrones PWM-Verfahren

Die Anforderung für eine schnelle Systemreaktion bei Drehmoment – bzw. Drehzahl-Steuerung von Drehstromantrieben (außer Servoantrieben) mit feldorientierter Steuerung macht es notwendig, die Amplitude und Winkel der Spannung des Wechselrichters stufenweise zu ändern. Mit dem »normalen« bzw. »synchronen« PWM-Schaltmustern ist es nicht möglich die Amplitude und Winkel der Spannung des Wechselrichters stufenweise zu ändern.
Eine Möglichkeit, dieser Anforderung gerecht zu werden, bietet das asynchrone PWM-Verfahren, bei dem keine Synchronisierung der Taktfrequenz und die eingestellten Motorfrequenz stattfindet.

Nachfolgend werden zwei asynchrone PWM-Verfahren;

- der SFAVM (**S**tänder **F**lußorientierte **A**synchrone **V**ektor **M**odulation) und
- der 60°-AVM (**A**synchrone **V**ektor **M**odulation)

beschrieben. Diese machen es möglich, die Amplitude und Winkel der Spannung des Wechselrichters stufenweise zu ändern.

SFAVM

Die SFAVM ist ein Raum-Vektormodulationsverfahren, das es möglich macht, die Spannung des Wechselrichters willkürlich, aber stufenweise innerhalb der Schaltzeit zu ändern (asynchron).

Hauptziel dieser Modulation besteht darin, den Statorfluß optimal (kleine Drehmomentenripple) über die Statorspannung zu halten. Verglichen mit der Netzversorgung, ergibt sich bei der »normalen« PWM-Versorgung eine Abweichung in der Statorflußvektor-Amplitude und dem Flußwinkel. Diese Abweichungen beeinflußen das Drehfeld (Drehmoment) im Luftspalt des Motors und verursachen ein Ripple im Drehmoment. Der Effekt der Abweichung der Amplitude ist vernachläßigbar klein und kann durch Erhöhung der Schaltfrequenz reduziert werden. Die Abweichung des Winkels ist abhängig von der Schaltfolge und kann zu höherem Drehmomentripple führen. Daher muß die Schaltfolge so berechnet werden, daß die Abweichung der Vektorwinkel minimal gehalten wird.

Jeder Wechselrichterzweig eines 3-phasigen PWM-Wechselrichters kann zwei Schalterzustände (Ein oder Aus) annehmen.

Die drei Schalter erzeugen acht mögliche Schalterkombinationen (2^3) und damit acht diskrete Spannungsvektoren am Ausgang des Wechselrichters bzw. an der Ständerwicklung des angeschlossenen Motors. Wie in Abb. 2.24a dargestellt, sind diese Vektoren 100, 110, 010, 011, 001, 101 an die Ecken einer aufgespannten Sechseck mit 000 und 111 als Nullvektoren.

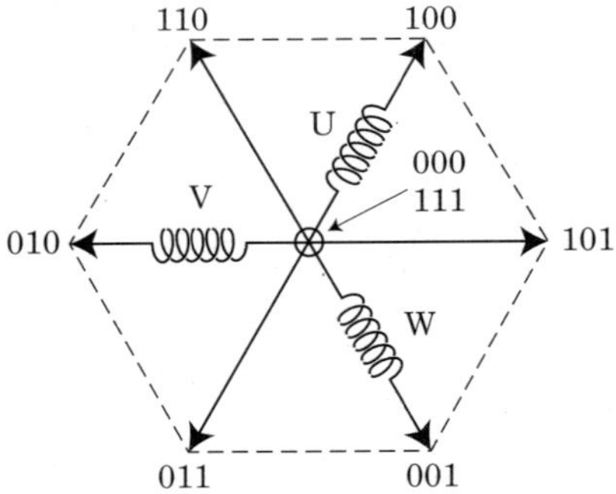

Abb. 2.24a
Spannungsvektoren

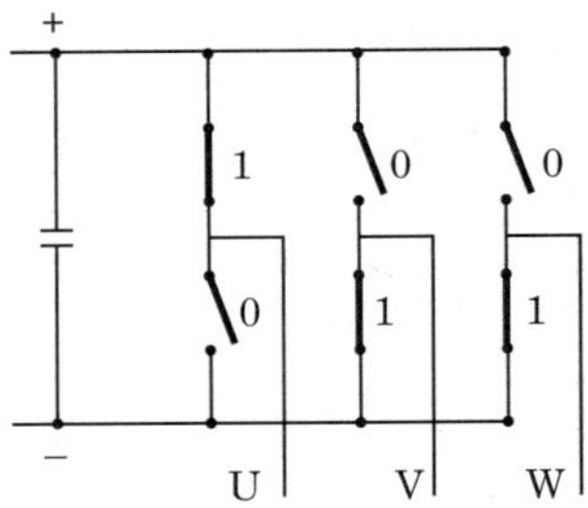

Abb. 2.24b
Darstellung des Wechselrichters als Schalter

Bei den Schaltkombinationen 000 und 111 entsteht an allen drei Ausgangsklemmen des Wechselrichters das gleiche Potential, entweder das Plus- oder das Minuspotential aus dem Zwischenkreis (s. Abb. 2.24b). Für den Motor kommt dies der Wirkung eines Klemmenkurzschlusses gleich, es wird also die Spannung 0 V an den Motorwicklungen eingeprägt.

Erzeugung der Motorspannung
Betrachtet man den stationären Betrieb, so entspricht dies einer Führung des Maschinen-Spannungszeigers $U_{\omega t}$ auf eine Kreisbahn, wie in Abb. 2.25b dargestellt.

Die Länge des Spannungszeigers ist ein Maß für den Wert der Motorspannung und die Umlaufgeschwindigkeit entspricht der augenblicklichen Betriebsfrequenz.
Die Erzeugung der Motorspannung entsteht durch die Mittelwertbildung durch kurzes Pulsen benachbarter Zeiger.

Die Danfoss SFAVM hat unter anderem folgende Eigenschaften:
- Der Spannungsvektor kann in Bezug auf den eingestellten Sollwert in Amplitude und Winkel ohne Abweichung gesteuert werden.

- Eine Schaltfolge beginnt immer von 000 oder 111. Dadurch kann jeder beliebiger Spannungsvektor mit drei Schaltzuständen generiert werden.
- Eine Mittelwertbildung des Spannungsvektor wird durch kurzes Pulsen der benachbarten Vektoren sowie der Null-Vektoren 000 und 111 erreicht.

Die Erzeugung der Motorspannung wird anhand der nachfolgenden Beispiele in Abb. 2.25 und Abb. 2.26 erläutert:

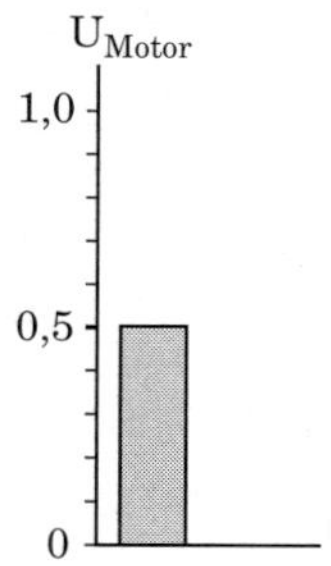

a) Eingestellte Ausgangsspannung (50% Nennspannung)

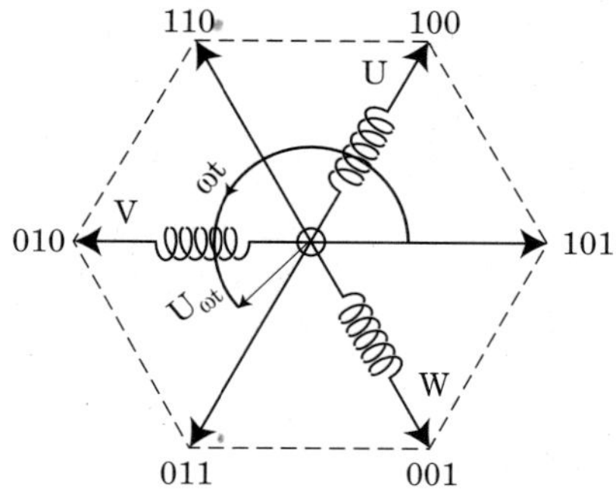

b) Nachbildung des idealen Spannungszeigers $U_{\omega t}$ durch PWM zwischen benachbarten, einstellbaren Spannungsvektoren

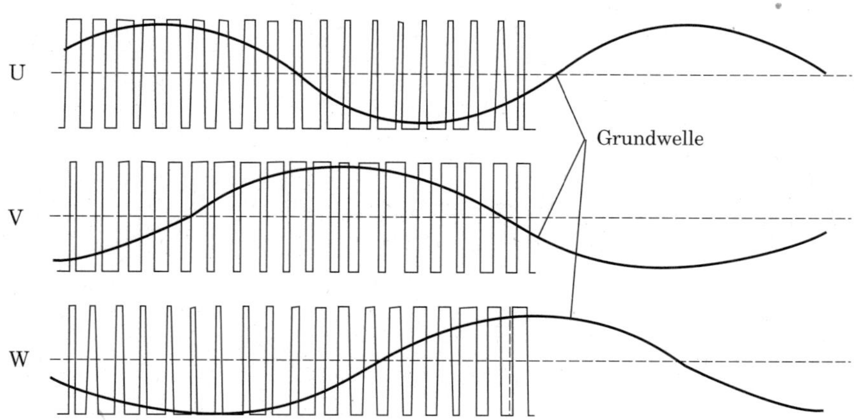

c) Zeitlicher Verlauf der Ansteuersignale für drei Wechselrichterstränge U,V,W

Abb. 2.25 Momentaufnahme PWM nach der Raumvektor Modulation (SFAVM) für 50% Motornennspannung

Der eingestellte Sollwert ($U_{\omega t}$) in Abb. 2.25a ist 50%. Die Ausgangsspannung wird durch kurzes Pulsen der benachbarten Zeiger, in diesem Falle 011 und 001 sowie 000 und 111, als Mittelwert nachgebildet (Abb. 2.25b).

Abb. 2.26 zeigt die Erzeugung einer Motorspannung von 100%.

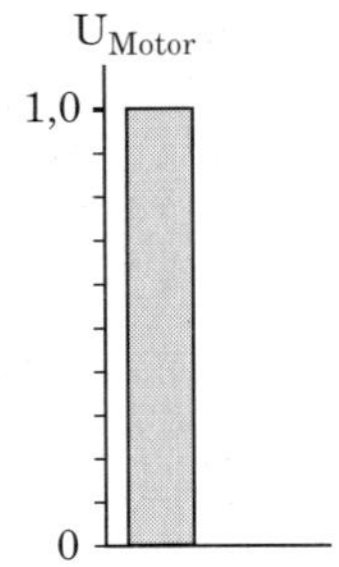

a) Eingestellte Ausgangsspannung (100% Nennspannung)

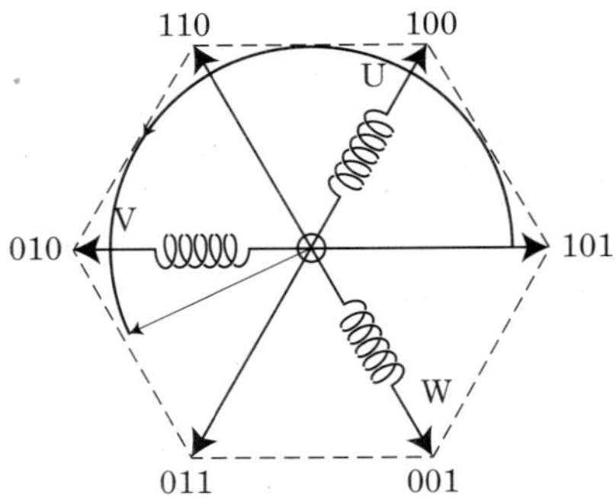

b) Nachbildung des idealen Spannungszeigers Uwt durch PWM zwischen benachbarten, einstellbaren Spannungsvektoren

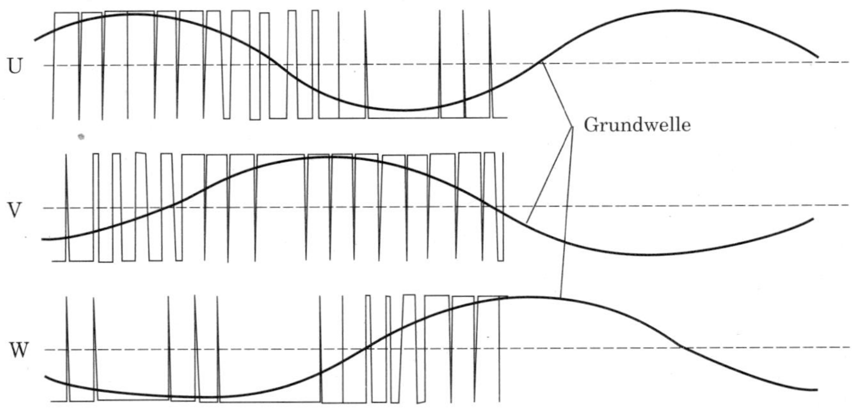

c) Zeitlicher Verlauf der Ansteuersignale für drei Wechselrichterstränge U,V,W

Abb. 2.26 Momentaufnahme PWM nach der Raumvektor Modulation (SFAVM) für 100% Nennspannung

Die SFAVM stellt die Verbindung zwischen Steuersystem und dem Leistungskreis des Wechselrichters dar. Die Modulation verläuft synchron zur Steuerfrequenz der Steuerung (s. Kapitel VVC^{plus}) und asynchron zur Grundfrequenz der Motorspannung.

Die Synchronisierung zwischen Steuerung und Modulation ist für die Hochleistungssteuerung (Spannungsvektor, Flußvektor) von Vorteil, da das Steuersystem den Spannungsvektor direkt und ohne Einschränkung kontrollieren kann (Amplitude, Winkel und Winkelgeschwindigkeit steuerbar).

Um die »on-line« Berechnungszeit drastisch reduzieren zu können, werden die Spannungswerte für verschiedene Winkel in einer Tabellen abgelegt. Abb. 2.27 zeigt einen Auszug der Vektor Modulationstabelle für die SFAVM der Firma Danfoss und die Ausgangsspannung (zum Motor).

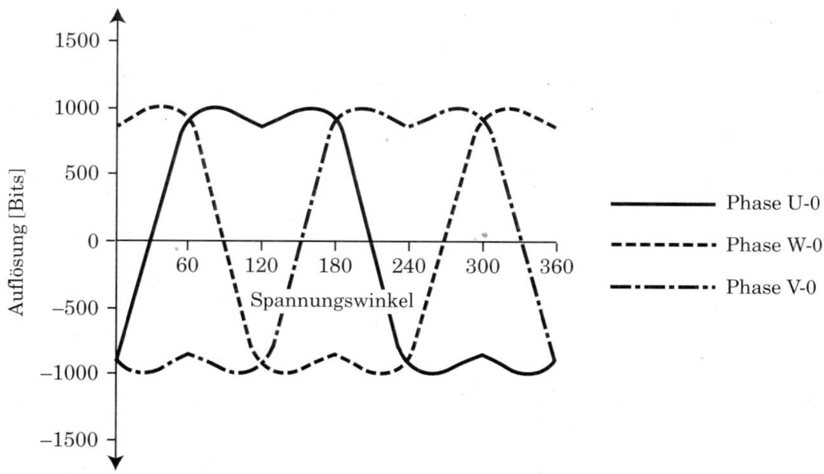

Abb. 2.27 Ausgang der Vektor Modulationstabelle (SFAVM)

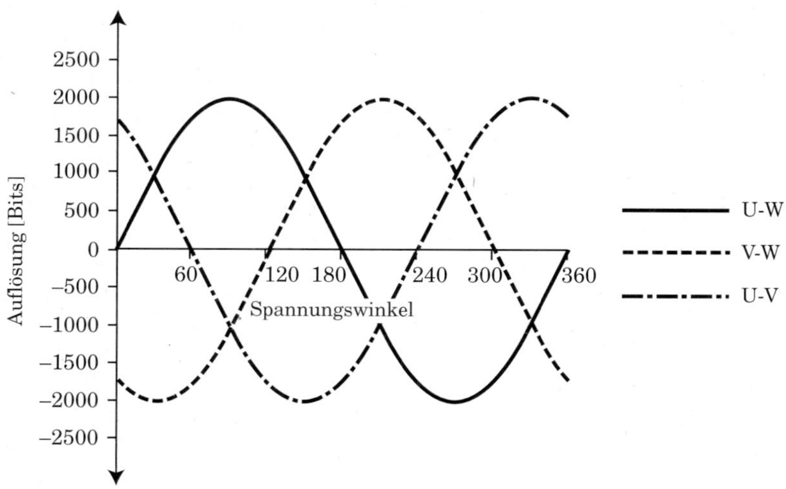

Abb. 2.28 Ausgangsspannung (Motor) – (Phase-Phase)

60°-AVM

Bei der 60°-AVM (Asynchron Vektor Modulation) werden, im Gegensatz zu dem SFAVM-Verfahren, die Spannungsvektoren wie folgt bestimmt:

- Innerhalb einer Schaltperiode wird nur ein Null-Vektor (000 oder 111) verwendet.
- Eine Schaltfolge beginnt nicht immer von einem Null-Vektor (000 oder 111).
- Innerhalb 1/6 Periode (60°) wird der Wechselrichter in einer Phase nicht geschaltet. Der Schalterzustand (0 oder 1) bleibt erhalten. In den zwei anderen Phasen wird normal geschaltet.

Abb. 2.29 zeigt eine Gegenüberstellung der Schaltfolge bei dem 60°-AVM-Verfahren und dem SFAVM-Verfahren für eine kurze Intervalle (a) und für mehrere Periode (b).

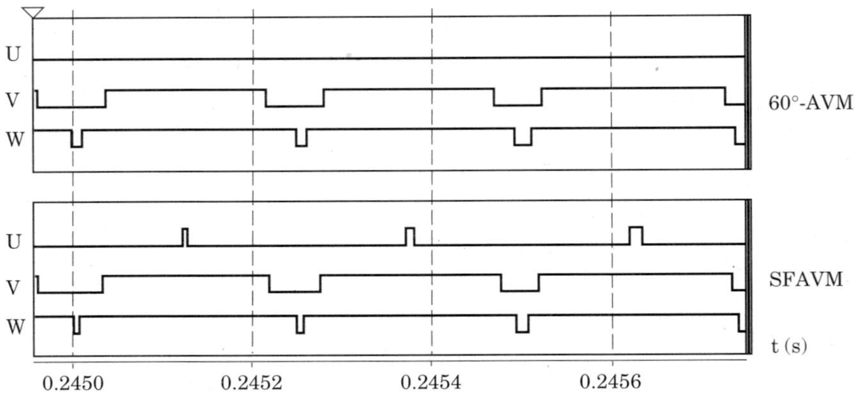

Abb. 2.29a Schaltfolge der 60°-AVM und SFAVM für einige 60° Intervalle

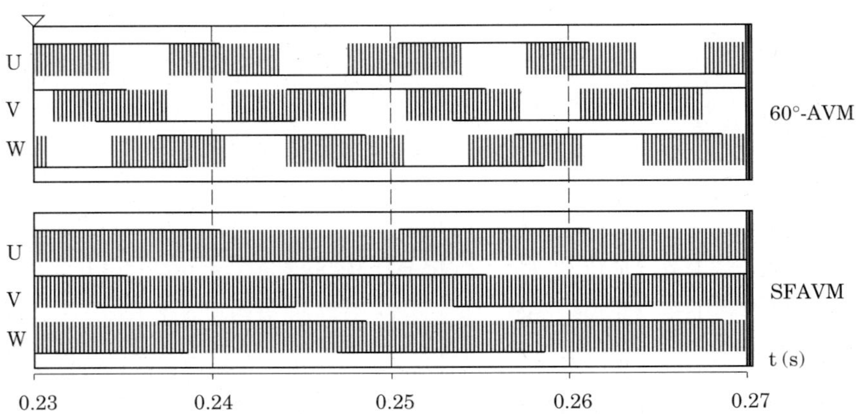

Abb. 2.29b Schaltfolge der 60°-AVM und SFAVM für mehrere Periode

Steuerkreis

Der Steuerkreis, auch Steuerkarte genannt, ist der vierte Hauptblock im Frequenzumrichter. Er hat vier Hauptaufgaben:

- die Steuerung der Halbleiter des Frequenzumrichters,
- Datenaustausch zwischen dem Frequenzumrichter und der Peripherie,
- Störmeldungen erfassen und anzeigen und
- Ausführung von Schutzfunktionen für Frequenzumrichter und Motor

Durch den Einsatz der Mikroprozessortechnik konnte die Geschwindigkeit im Steuerkreis verbessert werden, indem fertige und im Speicher bereitstehende Pulsmuster verwendet werden. Dadurch wird die Zahl der notwendigen Rechenoperationen erheblich reduziert.

Mit dieser Art der Steuerung kann der im Frequenzumrichter eingebaute Computer für jeden Betriebszustand das optimale Pulsmuster für den Motor ermitteln.

Steuerkreis für PAM-Frequenzumrichter

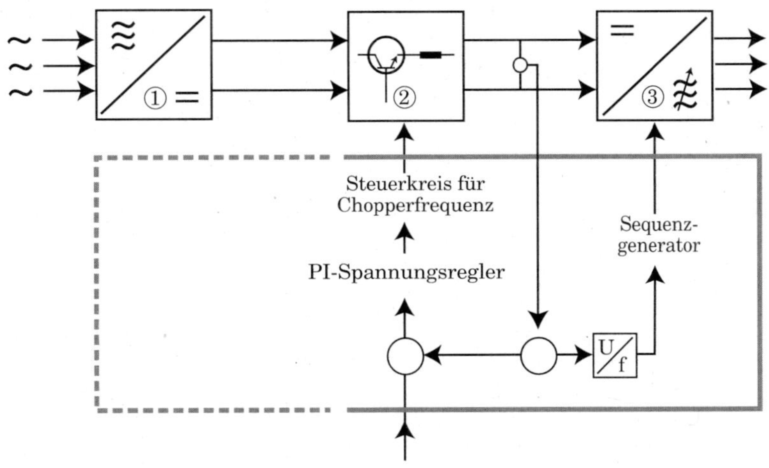

Abb. 2.30 Das Prinzip im Steuerkreis für einen choppergesteuerten Zwischenkreis

Abb. 2.30 zeigt einen PAM gesteuerten Frequenzumrichter mit Zwischenkreischopper. Der Steuerkreis steuert Chopper (2) und Wechselrichter (3).

Dies erfolgt nach dem Augenblickswert der Zwischenkreisspannung.

Die Zwischenkreisspannung steuert einen Kreis, der als Adreßzähler im Datenspeicher arbeitet. Im Speicher liegen Ausgangssequenzen für das Pulsmuster des Wechselrichters. Bei steigender Zwischenkreisspannung erfolgt die Zählung schneller, die Sequenz wird schneller durchlaufen und die Ausgangsfrequenz steigt.

Für die Choppersteuerung wird die Zwischenkreisspannung zuerst mit dem Sollwert des Referenzsignals, einem Spannungssignal, verglichen. Von diesem Spannungssignal wird erwartet, daß es eine korrekte Ausgangsspannung und Frequenz ergibt. Bei unterschiedlichen Referenz- und Zwischenkreissignalen meldet ein PI-Regler einem Kreis, daß die Zykluszeit geändert werden muß. Dadurch wird die Zwischenkreisspannung dem Referenzsignal angepaßt.

Danfoss Steuerungen

Das Steuerverfahren der Fa. Danfoss für den Wechselrichter wird in Abb. 2.31 dargestellt.

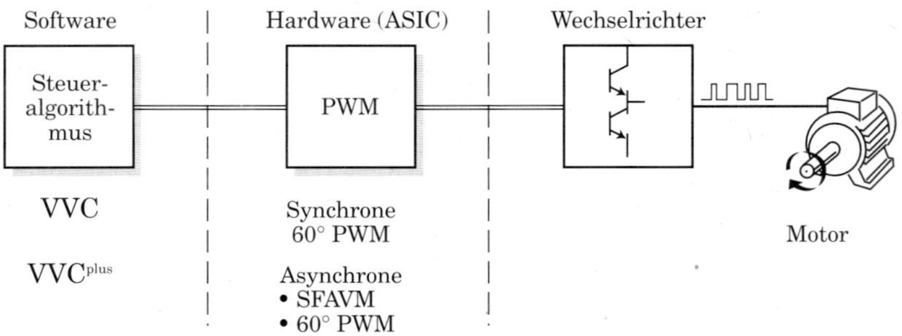

Abb. 2.31 Steuerungsprinzipien der Fa. Danfoss

Über den Steueralgorithmus werden die PWM-Schaltmuster für den Wechselrichter berechnet. Das Steuerverfahren ist eine Spanungsvektorsteuerung (englisch: **V**oltage **V**ector **C**ontrol; abgekürzt: **VVC**) für spannungsgeführte Frequenzumrichter.

Das VVC-Steuerungsprinzip steuert die Amplitude und die Frequenz des Spannungsvektors mit Last- und Schlupfkompensation. Der Winkel des Spannungsvektors wird in Abhängigkeit der eingestellten Motorfrequenz (Sollwert) sowie der Taktfrequenz festgelegt.

Einige Eigenschaften dieses Verfahrens:
- volle Motornennspannung bei Motornennfrequenz, sodaß keine Leistungsreduzierung notwendig wird
- Drehzahlverstellbereich: 1:25 ohne Rückführung
- Drehzahlgenauigkeit: ±1% der Nenndrehzahl ohne Rückführung
- robust gegen Lastsprünge

Bei dem VVC^{plus}-Steuerungsprinzip werden die Amplitude und der Winkel des Spannungsvektors, sowie die Frequenz direkt gesteuert.
Zusätzlich zu den Eigenschaften des VVC-Prinzip bietet dieses Steuerverfahren unter anderem folgendes:
Verbesserte dynamische Eigenschaften im niedrigen Drehzahlbereich (0 Hz-10 Hz)
- Verbesserte Motormagnetisierung
- Drehzahlverstellbereich: 1:100 ohne Rückführung
- Drehzahlgenauigkeit: ±0,5% der Nenndrehzahl ohne Rückführung
- Aktive Resonanzdämpfung
- Drehmomentsteuerung
- Betrieb in der Stromgrenze

Danfoss VVC-Steuerungsprinzip

Das Danfoss VVC-Steuerungsprinzip verwendet ein synchrones 60°-PWM Verfahren.

Der Steuerkreis arbeitet nach einem mathematischen Modell, das:
- die optimale Motormagnetisierung bei variierenden Belastungen des Motors über Kompensationsparameter berechnet.

Das synchrone 60°-PWM-Verfahren, das in einem ASIC-Kreis angeordnet ist, bestimmt
- den optimalen Schaltzeitpunkten für die Halbleiter (IGBT's) des Wechselrichters.

Die Schaltzeitpunkte werden folgendermaßen bestimmt:
- Die numerisch größte Phase wird in ⅙ Periodenzeit (60°) auf dem positiven oder negativen Potential gehalten.
- Die beiden anderen Phasen werden überproportional verändert damit die resultierenden Ausgangsspannungen (Phase-Phase) wieder sinusförmig werden und die gewünschte Amplitude erhalten (Abb. 2.32b).

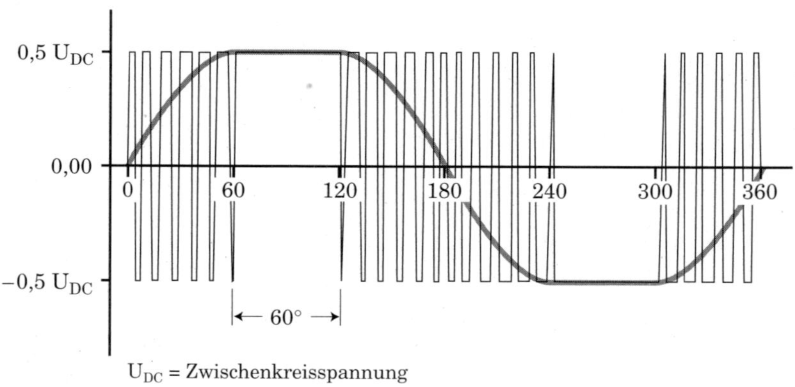

Abb. 2.32a Synchrone 60° PWM (Danfoss VVC-Steuerung) einer Phase

Im Gegensatz zum sinusgesteuerten PWM-Prinzip basiert das VVC-Steuerungsprinzip auf einer digitalen Herstellung der gewünschten Ausgangsspannung. Dies gewährleistet, daß die Ausgangsspannung des Frequenzumrichters die volle Höhe der Versorgungsspannung erreicht. Der Motorstrom wird sinusförmig und die Motorverhältnisse entsprechen denen bei direktem Netzanschluß.

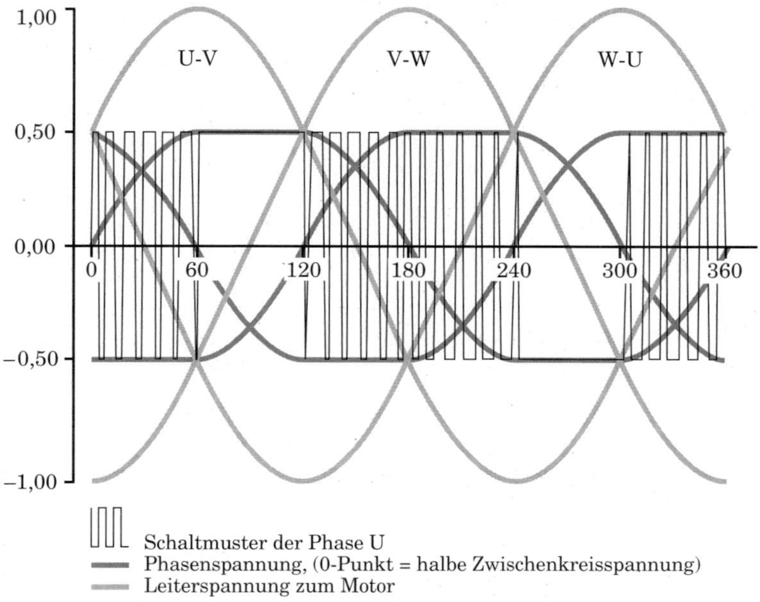

Abb. 2.32b Mit dem synchron 60°-PWM-Prinzip wird die volle Ausgangsspannung direkt erreicht

Die optimale Motormagnetisierung wird erreicht, indem der Frequenzumrichter die Motorkonstanten (Ständerwiderstand und -induktivität) berücksichtigt. Der Frequenzumrichter berechnet mit diesen Daten die optimale Ausgangsspannung.

Da der Frequenzumrichter ständig den Belastungsstrom mißt, kann er die Ausgangsspannung zu der Belastung nachregeln. Die Motorspannung wird so dem Motortyp angepaßt und folgt den Belastungsänderungen.

Danfoss VVC^{plus} Steuerungsprinzip

Das Danfoss VVC^{plus}-Steuerungsprinzip verwendet ein Vektormodulationsprinzip für konstante spannungsgeführte-PWM Wechselrichter.

Das Schaltmuster für den Wechselrichter wird nach dem SFAVM-, oder 60°-AVM Prinzip berechnet, daß das pulsierende Drehmoment im Luftspalt sehr klein (gegenüber Frequenzumrichter nach der synchronen PWM) gehalten wird. Der Anwender kann eines der obengenannten Prinzipien selbst auswählen oder in Abhängigkeit der Kühlkörper-temperatur zwischen beide Prinzipien von der Steuerung (AUTO) wählen lassen. Bei einer Temperatur unter 75°C wird nach der SFAVM-Prinzip und über 75°C wird nach der 60°-AVM-Prinzip gesteuert.

Tabelle 2.01 gibt eine kurze Überblick über die beiden Prinzipien

Auswahl	Max. Schaltfrequenz des Wechselrichters	Eigenschaften
SFAVM	Max. 8 kHz	1. niedrige Momentenripple gegenüber der synchronen 60°-PWM (VVC) 2. keine »Gangschaltung« 3. Hohe Schaltverluste im Wechselrichter
60°-AVM	Max. 14 kHz	1. Reduzierte Schaltverluste im Wechselrichter (um ⅓ gegenüber SFAVM) 2. niedrige Momentenripple gegenüber der synchronen 60°-PWM (VVC). 3. relativ hohe Momentenripple gegenüber der SFAVM

Tabelle 2.01 Überblick SFAVM gegenüber 60°-AVM

Das Steuerungsprinzip wird in dem Ersatzschaltbild (Abb. 2.33) und dem Prinzipschaltbild (Abb. 2.34) dargestellt.

Es werden zwei Betriebszustände unterschieden:

- *Leerlauf*
  Im Leerlauf fließt in dem Läufer kein Strom $(i_w = 0)$ und somit ist die Leerlaufspannung:

$$\underline{U} = \underline{U}_L = (R_S + j\omega_S L_S) \times i_s$$

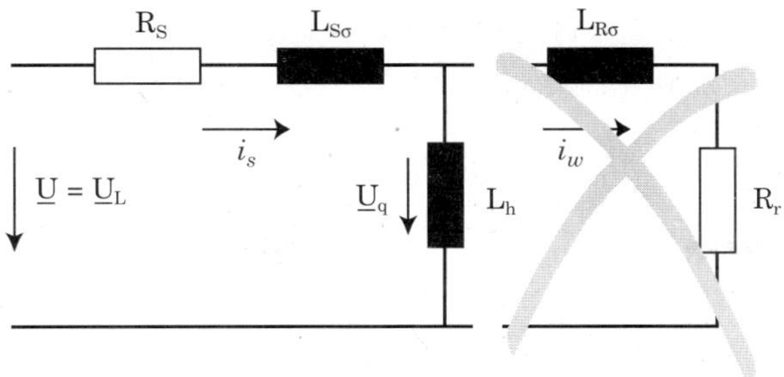

Abb. 2.33a Ersatzschaltbild des Drehstrommotors (im Leerlauf)

dabei ist:
R_S der Ständerwiderstand,
i_s der Motormagnitisierungsstrom,
$L_{S\sigma}$ die Ständerstreuinduktivität,
L_h die Hauptinduktivität,
L_S $(= L_{S\sigma} + L_h)$ die Ständerinduktivität und
ω_s $(= 2\pi f_s)$ die Winkelgeschwindigkeit des Drehfeldes im Luftspalt.
Die Leerlaufspannung ($\underline{U}_L$) wird anhand der Motordaten (Nennspannung, -strom, -frequenz, -drehzahl) bestimmt.

- *Belastung*
  Unter Belastung fließt der Wirkstrom *(i_w)* in den Läufer. Um diesen Strom zu ermöglichen, wird eine Zusatzspannung ($\underline{U}_{Komp}$) dem Motor zu Verfügung gestellt:

$$\underline{U} = \underline{U}_{LAST} = \underline{U}_L + \underline{U}_{Komp}$$

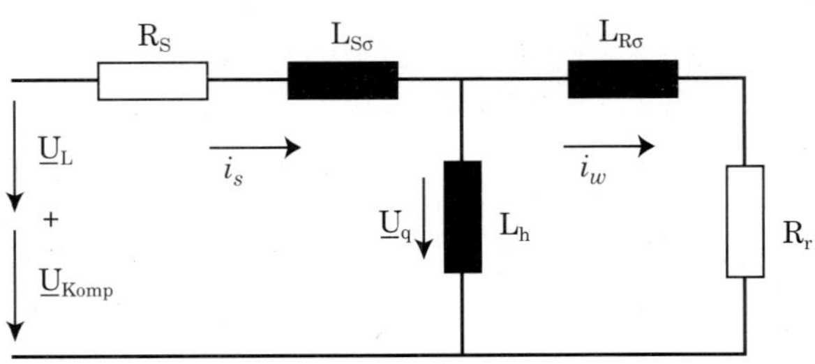

Abb. 2.33b Ersatzschaltbild des Drehstrommotors (bei Belastung)

Die Zusatzspannung $\underline{U}_{Komp}$ wird in Abhängigkeit von den Leerlauf- und Astströmen sowie des Drehzahlbereiches (niedrige bzw. hohe Drehzahl) bestimmt. Der Spannungswert und der Drehzahlbereich wird anhand der Motordaten bestimmt.

f	Frequenz (intern)
f_s	eingestellte Sollfrequenz
Δ_f	berechnete Schlupffrequenz
I_{SX}	Blindstromkomponente (gerechnet)
I_{SY}	Wirkstromkomponente (gerechnet)
I_{SX0}, I_{SY0}	Leerlaufstrom der x- bzw. y-Achse (gerechnet)
I_u, I_v, I_w	Strom der Phase U, V, bzw. W (gemessen)
R_s	Ständerwiderstand
R_r	Läuferwiderstand
θ	Winkel der Spannungsvektoren
θ_0	Leerlaufwert Theta
$\Delta\theta$	lastabhängiger Teil Theta (Kompensation)
T_C	Temperatur der Wärmeableitung/ Kühlkörper

U_{DC}	Spannung des Gleichstromzwischenkreises
$\underline{U}_L$	Leerlaufspannungsvektor
$\underline{U}_S$	Ständerspannungsvektor
$\underline{U}_{Komp}$	lastabhängige Spannungskompensation
U	Motor-Versorgungsspannung
X_h	Reaktanz
X_1	Ständerstreureaktanz
X_2	Läuferstreureaktanz
ω_s	Ständerfrequenz
L_S	Ständerinduktanz
L_{Ss}	Ständerstreuinduktanz
L_{Rs}	Läuferstreuinduktanz
i_s	Motorphasenstrom (Scheinstrom)
i_w	Wirk- (Läufer) Strom

Erläuterungen zur Abb. 2.33 (Seite 87) und Abb. 2.34 (Seite 89)

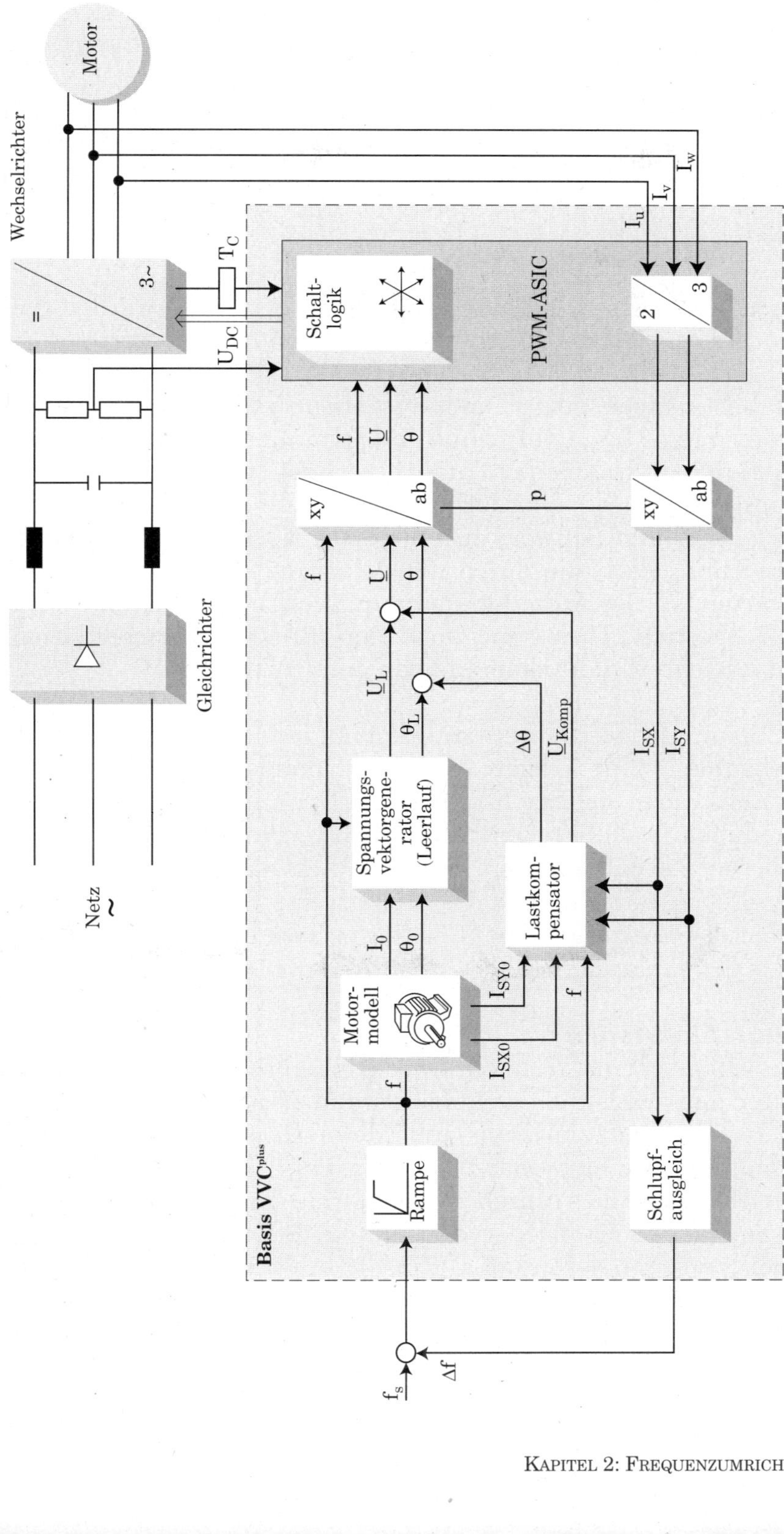

Abb. 2.34 Basis der VVC^{plus}-Steuerung

Wie in Abb. 2.34 dargestellt, berechnet das Motormodell die Leerlauf-Sollwerte (Ströme und Winkel) für den Lastkompensator (I_{SX0}, I_{SY0}) und den Spannungsvektorgenerator (I_0, θ_0).

Der Spannungsvektorgenerator berechnet Leerlaufspannung ($\underline{U}_L$) und Winkel (θ_L) des Spannungsvektors, ausgehend von Leerlaufstrom, Ständerwiderstand und -induktivität (siehe Abb. 2.33a).

Aus den gemessenen Motorströmen (I_u, I_v und I_w) werden die Blindstrom- (I_{SX}) und Wirkstromkomponente (I_{SY}) berechnet.

Der Lastkompensator schätzt ausgehend von den berechneten Strömen (I_{SX0}, I_{SY0}, I_{SX}, I_{SY}) und den Spannungsvektor-Istwerten das Luftspaltdrehmoment und berechnet, wieviel zusätzliche Spannung ($\underline{U}_{Komp}$) erforderlich ist, um die magnetische Feldstärke auf dem Sollwert zu halten. Er korrigiert die Winkelabweichung ($\Delta\theta$), die durch die Belastung der Motorwelle zu erwarten ist. Der Ausgangsspannungsvektor wird in Polarform (p) dargestellt. Dies ermöglicht eine direkte Übermodulation und erleichtert die Ankopplung an den PWM-ASIC.

Die Spannungsvektorsteuerung kommt besonders bei niedrigen Drehzahlen zum Tragen, wo die dynamische Leistung des Antriebs durch richtige Kontrolle des Spannungsvektorwinkels gegenüber der U/f-Steuerung deutlich verbessert werden kann. Außerdem erhält man ein besseres stationäres Verhalten, da das Steuersystem durch die Vektorwerte für Spannung und Strom das Lastdrehmoment besser erfassen kann, als dies auf Basis der skalaren Signale (Amplitudenwerte) möglich ist.

Schutzfunktionen

Ein Schutzschema, das dem Zweck, einen robusten und intelligenten Leistungskreis aufzubauen und gleichzeitig die Kosten für den Frequenzumrichter- und Motorschutz möglichst gering zu halten dient, bietet das VVC^{plus}-System.
Erreicht wird dies durch eine digitale Schutzstrategie, basierend auf einer Wiederverwendung der vom Steuersystem benötigten Signale und dem Einsatz einer schnellen digitalen Signalverarbeitung (ASIC) anstelle passiver Leistungskomponenten (z.B. Wechselstromspulen).

Der Wechselrichter ist gegen alle Störungen mit Ausnahme der Zweigdurchzündung geschützt. In diesem Fall kann auf eine angemessene Pausenzeitsteuerung und einen richtig ausgelegten Gate-Antrieb zurückgegriffen werden. Jeder IGBT ist durch Gate-drive-Trafos sowohl von der Versorgungsspannung als auch von dem Steuersignal galvanisch getrennt.

Eine Fehlerüberwachungsfunktion bearbeitet die registrierten Störungen. Im folgenden wird beschrieben, wie Überstrom und zu hohe Temperaturen gehandhabt werden.

Strom und Temperatur werden entweder durch einen Analog-Digital-Wandler oder einen Komparator zum ASIC übertragen. Die »Fehlerüberwachung« im ASIC verarbeitet die Signale dann entsprechend, um die gewünschten Schutzfunktionen zu aktivieren [Strom Stufe 1 und 2 (Abb. 2.35)]. Um die Größe des ASIC zu begrenzen, findet im Mikroprozessor eine Fehlerüberwachung auf zweiter Ebene [Strom Stufe 3 und 4 (Abb. 2.35)] statt.

Überstromschutz:
Aus Abb. 2.35 geht hervor, wie sich durch unterschiedliche Ströme verschiedene »Filterzeiten« (Zeit vor dem Abschalten des Frequenzumrichters) ergeben. Auslöseniveau und »Filterzeit« lassen sich so einstellen, daß maximale Geräuschimmunität für den jeweiligen Wechselrichter-Schalter (IGBT) sichergestellt ist (Unempfindlichkeit gegen Überstrom). Geräusch kann hier im weiteren Sinne sowohl als echtes Geräusch (Überlage-

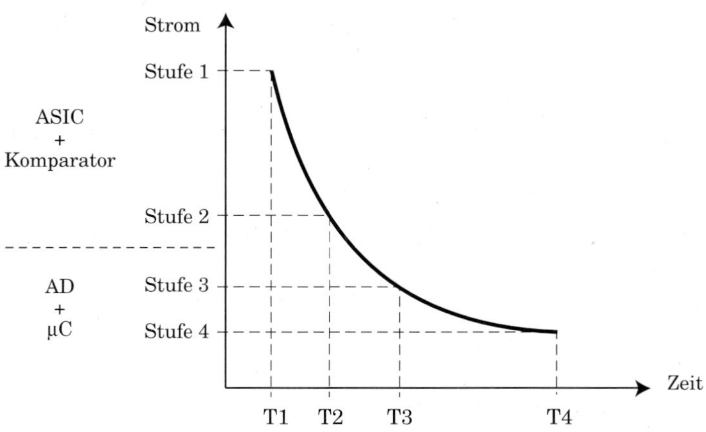

Abb. 2.35 Überstromstufen

rungen) als auch als kurze Überlasten wie das Zuschalten des Wechselrichters auf lange Motorkabel verstanden werden.
Um den Wechselrichter noch unempfindlicher zu machen, wurde eine zweite »Filterzeit« hinzugefügt. Diese »Filterzeit« bestimmt, mit welcher Frequenz und wie oft hintereinander sich der Wechselrichter einschalten kann, bevor er schließlich verriegelt wird (Strom Stufe 1). Der Anwender bestimmt die Filterzeit T4 und die Stromstufe 4.

Beispiel:
Ein 4-poliger 1,5kW Motor darf aus anlagetechnischen Gründen höchstens 4 A für 5 Sek. ziehen. Damit ist T4 = 5 Sek. und die Stromstufe 4 = 4 A.

Den Rest bestimmt die Steuerung und die Hardware-Stromgrenze des Frequenzumrichters.

Durch ein solches Überstromschutzschema, in das die Robustheit von IGBTs der neuen Generation bei der Berechnung mit eingeflossen ist, erhält man einen sehr robusten Wechselrichter, ohne zusätzliche Passivkomponenten, wie Motorspulen, verwenden zu müssen.

Schutz gegen hohe Temperaturen:
Die Temperatur des Kühlkörpers (T_C) (s. Abb. 2.34) wird direkt gemessen und daraus die Wechselrichter-Verluste ($P_{verl., WR}$) berechnet. Man geht davon aus, daß die Temperatur des Kühlkörpers durch die Umgebungstemperatur, die Kühlbedingungen und die Wechselrichter-Verluste bestimmt wird, und daß die Schalter (IGBTs) des Wechselrichters die begrenzende Komponente bilden.

Durch Kombination der Meßwerte für T_C und $P_{verl., WR}$ ist es möglich, den Antrieb optimal auf die tatsächlichen Arbeitsbedingungen einzustellen. Dabei handelt es sich in der Regel um eine Veränderung der Schaltfrequenz und des Ausgangsstroms in Abhängigkeit von den Kühlbedingungen, der Netzspannung und der Umgebungstemperatur.

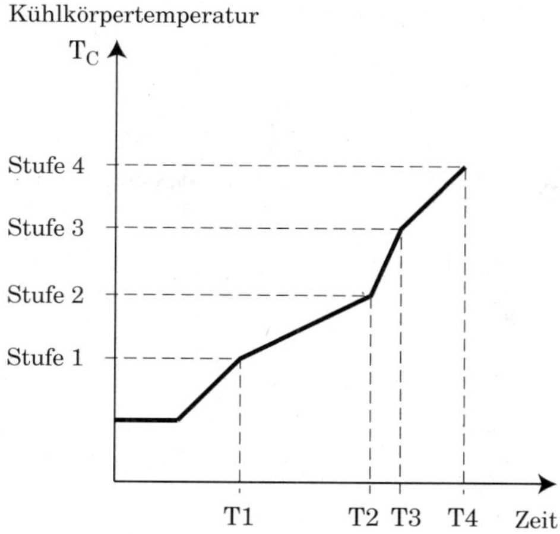

Abb. 2.36 Übertemperaturstufen

Abb. 2.36 zeigt ein Beispiel, in dem das Temperatursignal so verwendet wird, daß der Anwender die Möglichkeit und Zeit hat, auf einen Fehler zu reagieren. Er kann z.B. einen irrtümlich nicht angeschlossen Frequenzumrichter-Lüfter korrekt anklemmen und einschalten.

Zum Zeitpunkt T_1 wird die Taktfrequenz für den Wechselrichter herabgesetzt; der Geräuschpegel (Überlagerungen) nimmt zu, und zur Anzeige wird ein Warnsignal zurückgemeldet. Bei T_2 wird die Ausgangsspannung vermindert, das Höchstdrehmoment begrenzt und ein weiteres Signal gegeben. Bei T_3 ist ein vorher definierter Mindeststrom erreicht; es wird eine dritte Warnung angezeigt. Der Anwender hat jetzt die Wahl, den Motor kontrolliert anzuhalten oder ihn mit der Gefahr laufen zu lassen, daß der Wechselrichter sich bei T_4 endgültig ausschaltet.

Das beschriebene »intelligente Schutzschema« (Fehlerüberwachung) macht es möglich, den Wechselrichter-Chip effizient zu nutzen. Auf diese Weise wird ein robuster und sehr »fehlertoleranter« Antrieb gewährleistet. Der Anwender erhält außerdem die Möglichkeit, bereits im vorhinein den Frequenzumrichter zu programmieren, wie er auf eine bestimmte Fehlersituation zu reagieren hat.

Allgemeines über den Computer

Der Computer besteht aus drei Grundeinheiten. Jede Einheit hat eine spezielle Aufgabe.

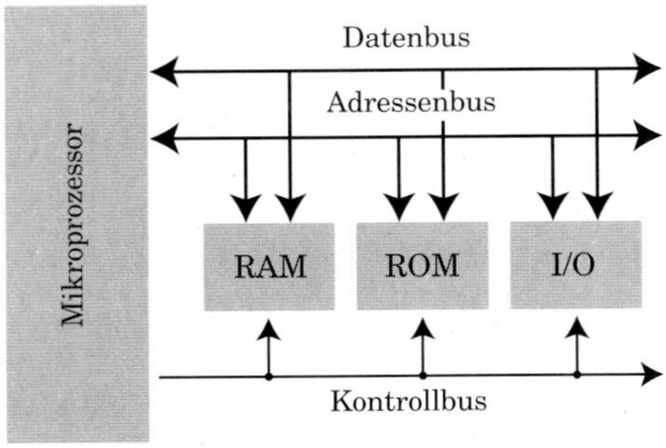

Abb. 2.37 Prinzipieller Aufbau des Computers

Der Mikroprozessor ist das Herz des Computers. Wenn dem Prozessor die richtige Sequenz an Instruktionen (Programmen) zugeführt wird, kann dieser eine Reihe von Funktionen im Speicher des Computers durchführen. Der Mikroprozessor steuert auch die anderen Einheiten entsprechend dem Programm.

Im Speicher des Computers wird das Programm und die Daten abgelegt. Das Programm wird häufig in einem EPROM (**E**rasable **P**rogrammable **R**ead **O**nly **M**emory) oder in einem PROM gespeichert. EPROM's speichern ihren Inhalt auch, wenn die Spannung zum Kreis unterbrochen wird. Informationen in einem EPROM lassen sich nur mit ultraviolettem Licht löschen, danach ist eine erneute Programmierung möglich. Im Gegensatz zu EPROM's werden PROM's nur einmal programmiert. Der Mikroprozessor bekommt Informationen aus dem EPROM oder PROM.

RAM ist der Speicher, aus dem der Mikroprozessor Daten holt und nach abgeschlossener Verarbeitung wieder speichert. RAM (**R**andom **A**ccess **M**emory) verliert seine Informationen, wenn die Spannung unterbrochen wird. Der Inhalt ist undefiniert, wenn die Spannung wieder anliegt.

Die dritte Einheit ist mit I/O gekennzeichnet und beinhaltet die Ein- und Ausgänge, die der Computer für seine Kommunikation benötigt. Das können beispielsweise Verbindungen mit Bedienungsfeldern, Druckern oder anderen elektronischen Ausrüstungen sein.

Der Bus ist ein paralleler Leiter, der die Einheiten mit einem Computer verbindet. Der Datenbus überträgt Daten zwischen den Einheiten. Der Adressenbus gibt an, woher die Daten zu nehmen sind und wohin sie sollen. Der Kontrollbus überwacht, daß die Übertragung in der richtigen Reihenfolge erfolgt.

Computer des Frequenzumrichters

Neben den bisher genannten drei Einheiten beinhaltet der Computer des Frequenzumrichters einige zusätzliche Einheiten. Eine davon ist ein EEPROM (**E**lectrically **E**rasable PROM)-Speicher, der dem Benutzer die Programmierung des Computers ermöglicht und sich mit elektrischen Signalen programmieren oder umprogrammieren läßt. Dies ist notwendig für die Programmierung der Frequenzumrichter (Anlagedaten) und die Speicherung spezieller Aufgaben.

Des weiteren kann der Computer des Frequenzumrichters mit einem ASIC versehen werden. Es ist ein integrierter Schaltkreis, bei dem einige Funktionen vom Halbleiterhersteller bestimmt werden. Die restlichen Funktionen lassen sich nach speziellen Wünschen des Frequenzumrichterherstellers programmieren. Hier wird beispielsweise das Danfoss VVC^{plus} Steuerprinzip angeordnet.

Ein- und Ausgänge der Steuerkarte

Die Anlage, für die der Frequenzumrichter vorgesehen ist, bestimmt den Bedarf an Ein- und Ausgängen. Frequenzumrichter in automatischen Anlagen müssen sowohl analoge als auch digitale Steuersignale empfangen. Analoge Signale können alle Werte innerhalb eines bestimmten Bereiches annehmen. Digitale Signale können zwei Werte (0 oder 1) annehmen.

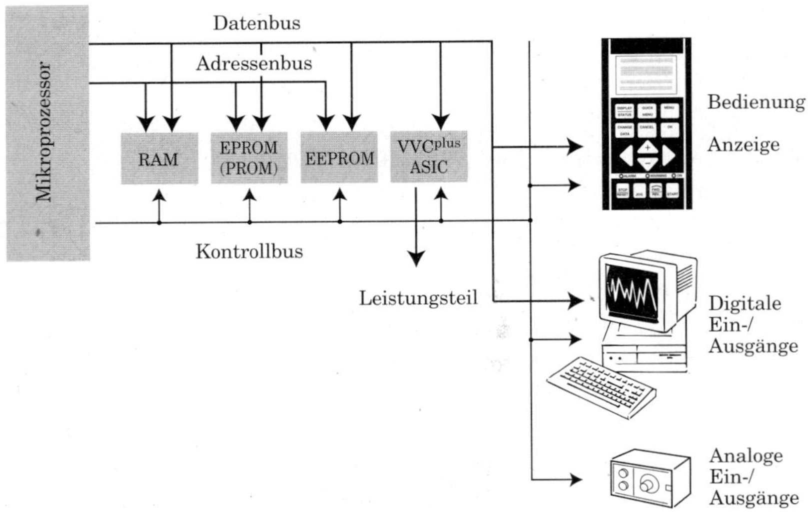

Abb. 2.38 Computer des Frequenzumrichters

Abb. 2.39 Analoges Signal (a) und digitales Signal (b)

Es gibt keine eigentliche Norm für Steuersignale. Einige Signale werden heute als Standard angesehen, bei analogen Signalen z.B. 0-10 V oder 0 bzw. 4-20 mA. Da Halbleiter in den digitalen Signalausgängen verwendet werden, muß der digitale Ausgang mit einem Mindeststrom belastet werden, damit das Signal »sicher« ist. Ein typischer Signalbereich ist 20-30 V und 10-500 mA.

Die digitalen Ausgänge einer SPS (Speicher Programmierbare Steuerung) sind mit den digitalen Eingängen des Frequenzumrichters abgestimmt. Als Minimum akzeptieren diese z.B. Spannungen zwischen 10 und 30 V und haben eine Stromaufnahme von mindestens 10 mA bei 20 V. Der innere Widerstand des Signaleingangs darf daher maximal 2 kOhm sein.

Kommunikation

Digitale Frequenzumrichter können grundsätzlich über drei Schnittstellen mit der Peripherie Daten austauschen (s. Abb. 2.40). Dies sind

- die konventionelle Steuerklemmenleiste für digitale und analoge Ein- und Ausgänge,
- das Bedienteil mit Display und Tastern,
- eine serielle Schnittstelle für Service und Diagnose sowie Steuerungsaufgaben.

Je nach Anwendung kann die Kommunikation zusätzlich über eine intelligente serielle Schnittstelle für einen leistungsfähigen Automatisierungsbus (z.B. PROFIBUS) ergänzt werden. Hierbei kann es sich um eine eigene Baugruppe handeln, die zur Entlastung der Grundgeräteelektronik einen eigenen Mikroprozessor und Peripherie (z.B. Dual Port Ram) enthalten kann.

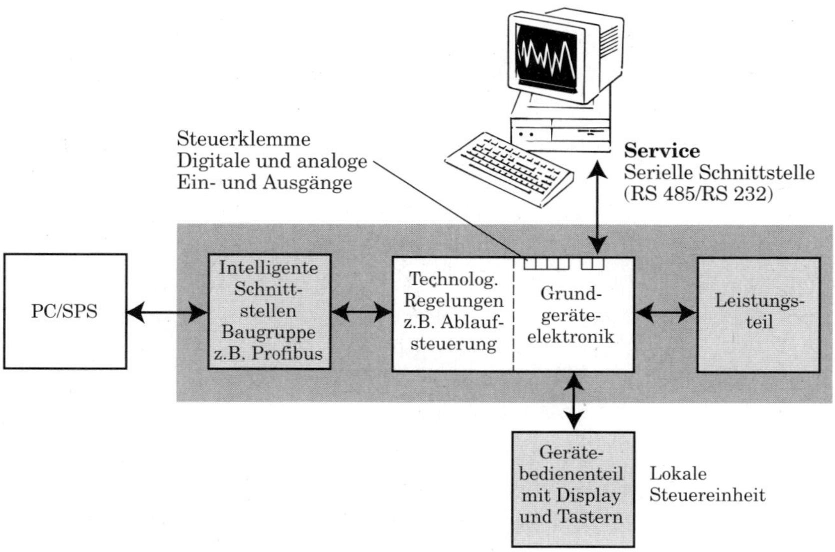

Abb. 2.40 Grundkonzept – Kommunikation (Frequenzumrichter)

Bei der Steuerklemmenleiste sind für n-Verknüpfungen mindestens (n + 1) Datenleitungen notwendig, die Anzahl der Leitungen hängt also von den Aufgaben und der Klemmenzahl ab. Die einzelnen Klemmen können für verschiedene Funktionen programmiert werden. Ein Bedienteil mit Display und Tastern kann an fast jedem digitalen Frequenzumrichter eingebaut werden. Am Display ist es möglich die Funktionen der Steuerklemmen auszuschalten. Dies bietet bei bestimmten Störfällen (Leitungsbruch, fehlendes Steuersignal) eine Diagnosehilfe.

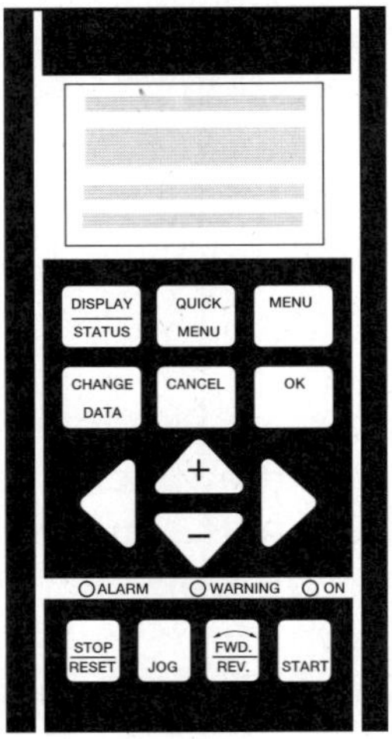

Abb. 2.41 Lokale Steuereinheit eines Frequenzumrichters

In einem Prozeß wird der Frequenzumrichter als aktiver Ausrüstungsteil betrachtet. Er ist ein Bauteil eines Systems ohne Rückmeldung (Steuerung) oder eines Systems mit Rückmeldung (Regelung) vom Prozeß.

Ein System ohne Rückmeldung kann mit einem einfachen Potentiometer betrieben werden. Ein System mit Rückmeldung ist aufwendiger und wird in der Regel mit einem programmierbaren Steuer- und Regelsystem (z.B. SPS/DDC) ausgeführt.

Allgemeines über SPS
Die SPS kann sowohl Steuersignale (Geschwindigkeit) und Befehle (Start, Stop, Reversierung) liefern.
Die Ausgangssignale des Frequenzumrichters, wie z.B. Motorstrom oder Motorfrequenz, werden häufig von Zeigerinstrumenten o.ä. abgelesen. Ein SPS kann jedoch auch Ausgangssignale ablesen. Hierdurch ist eine kontinuierliche Erfassung dieser Daten möglich.

Ein SPS-System besteht aus drei Grundelementen:
- Zentraleinheit,
- Ein- und Ausgangsmodule,
- Programmiereinheit.

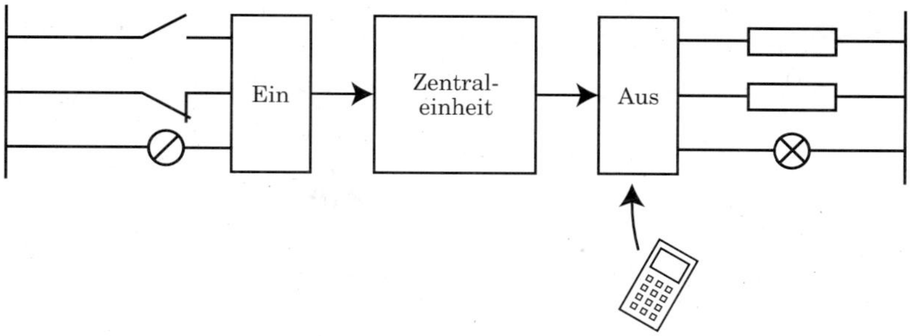

Abb. 2.42 Der prinzipielle Aufbau der SPS

Mit der Programmiereinheit wird der Zentraleinheit ein Steuerprogramm zugeordnet. Die Zentraleinheit ordnet die Eingangssignale und aktiviert die Ausgangssignale nach dem Programm. Die Zentraleinheit kann nur mit digitalen Signalen arbeiten. Diese Signale wechseln zwischen zwei Werten, z.B. zwischen 24 V und 0 V. Die hohe Spannung wird mit »1« oder »ON« bezeichnet und die niedrige Spannung mit »0« oder »OFF«.

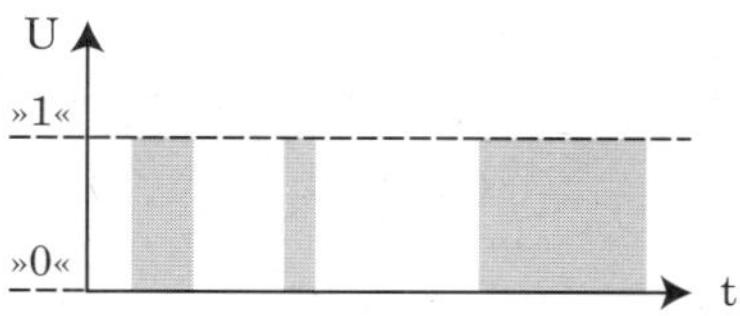

Abb. 2.43 Das digitale Signal kann »ON« oder »OFF« über kürzere oder längere Zeit sein

Ein Frequenzumrichter und eine SPS können grundsätzlich auf zwei Arten zusammengeschaltet werden.
Die einzelnen Ein- und Ausgänge der SPS werden mit separaten Leitungen mit den Ein- und Ausgängen des Frequenzumrichters verbunden. Die Ein- und Ausgänge der SPS ersetzen so separate Komponenten wie Potentiometer, Steuerkontakte und Zeigerinstrumente.

Serielle Kommunikation

Bei der zweiten Möglichkeit werden zeitlich verschobene Signale über Leiterpaare übertragen. In der Periode t_1-t_2 wird die Information A, in der Zeit t_2-t_3 die Information B usw. übertragen. Diese Form der Informationsübertragung wird als serielle Kommunikation bezeichnet (s. Abb. 2.44).

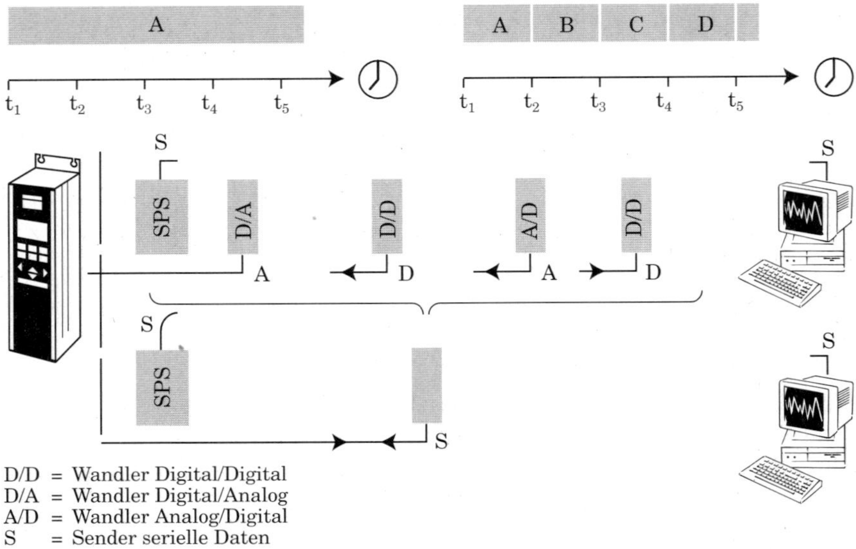

Abb. 2.44 Serielle Kommunikation gewährleistet eine schnellere Signalübertragung und eine vereinfachte Installation

Es gibt unterschiedliche Prinzipien für die serielle Kommunikation. Entscheidend ist, wie viele Geräte miteinander kommunizieren sollen.

Ein Prinzip erfordert mehrere Leiter, wenn jedes Gerät sowohl Informationen senden als auch empfangen soll. Bei einem anderen Prinzip ist die Kommunikation mit mehreren Geräten mit nur zwei Leitern möglich. Es ist hier möglich, mehrere Empfänger an nur einen Sender (S) anzuschließen. Bei einem dritten Prinzip können alle angeschlossenen Geräte mit nur zwei Leitern senden und empfangen. Diese Kommunikationsverbindung wird als Bus bezeichnet.

Die Geräte müssen ein gemeinsames Signalniveau haben, damit gewährleistet ist, daß Geräte verschiedener Fabrikate das serielle Signal empfangen können.

Die Geräte müssen außerdem einen gemeinsamen Signalaufbau haben, damit der Empfänger die Information des Signals versteht. Aufbau und Zusammensetzung der Signale unterliegen einer Reihe von Normen.

Immer komplexere Systemaufbauten lassen deren Anzahl steigen.

Das gemeinsame Signalniveau unterliegt keinem bestimmten Wert. Daher ist die Software der Geräte in der Regel aufeinander abzustimmen, damit das gemeinsame Signalniveau festgelegt wird.

Prinzip	Standard (Anwendung)	Anzahl Geräte je Leitungssatz	Max. Abstand m	Anzahl Leiter	Signalniveau
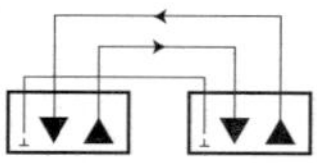	RS 232 (Punkt zu Punkt)	1 Sender 1 Empfänger	15	Duplex: min. 3 + div. Statussignale	±5 V min. ±15 V max.
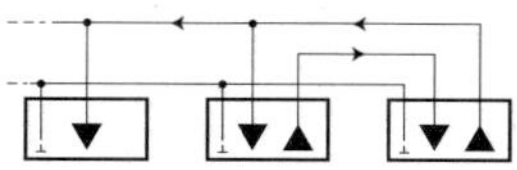	RS 423 (Punkt zu Punkt)	1 Sender 10 Empfänger	1200	Duplex: min. 3 + div. Statussignale	±3,6 V min. ±6 V max.
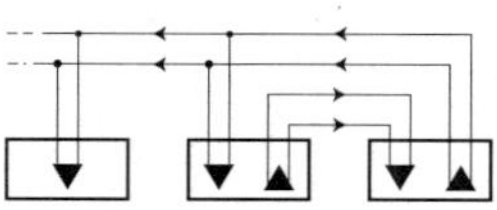	RS 422 (Punkt zu Punkt)	1 Sender 10 Empfänger	1200	Duplex: 4	±2 V min.
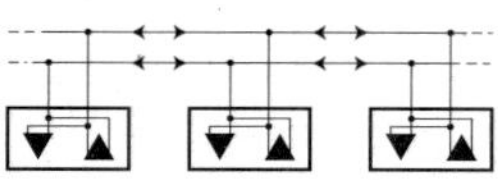	RS 485 (Bus)	32 Sender 32 Empfänger	1200	Semi duplex: 2	±1,5 V min.

▲ : Sender
▼ : Empfänger

Abb. 2.45 Normen für serielle Verbindungen

RS 232 ist die bekannteste Norm. Die Anwendung ist auf einen kurzen Übertragungsabstand und geringe Übertragungsgeschwindigkeit begrenzt. RS 232 wird daher dort eingesetzt, wo nur gelegentlich Signale gesendet werden. Das kann zusammen mit Terminalen und Druckern sein.

RS 422 und 423 lösen das Problem mit dem Abstand und der Übertragungsgeschwindigkeit. Sie werden daher häufig bei der Prozeßautomatik eingesetzt, z.B. zusammen mit einer SPS, wenn die Signalübertragung kontinuierlicher ist.

RS 485 ist die einzige Norm, die eine Zusammenschaltung und Bedienung einer größeren Gerätezahl bzw. die Kommunikation zwischen mehreren Geräten über ein gemeinsames Leiterpaar ermöglicht. Die Installation erfordert nur zwei Leiter, damit die Geräte im Wechsel über die gemeinsame Leitungsverbindung (Bus) senden. Ein bekanntes Bus-System ist z.B. der PROFIBUS.

Für die Kommunikation zwischen einer SPS/PC und Frequenzumrichtern gibt es drei Signaltypen:
- Steuersignale (Geschwindigkeit, Start/Stop/Reversierung)
- Statussignale (Motorstrom, Motorfrequenz, Frequenz erreicht)
- Alarmsignale (Motorstop, Übertemperatur)

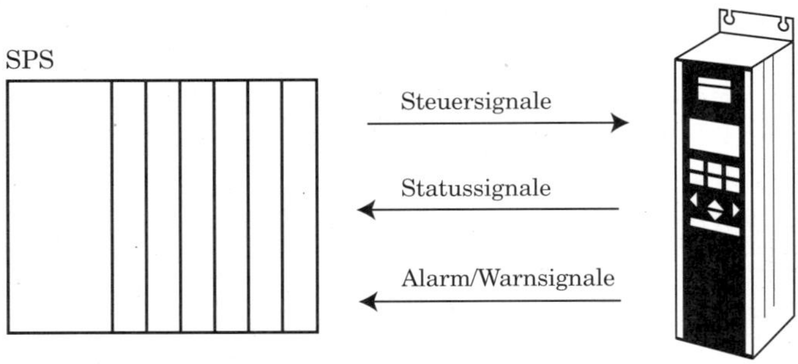

Abb. 2.46 Drei Signaltypen zwischen einer SPS und Frequenzumrichtern

Der Frequenzumrichter empfängt Steuersignale von der SPS und steuert danach den Motor. Der Frequenzumrichter sendet Statussignale an die SPS und informiert über die Auswirkungen der Steuersignale auf den Motor/Prozeß. Wenn der Frequenzumrichter durch außergewöhnliche Betriebsbedingungen ausgeschaltet wird, werden Alarmsignale an die SPS gesendet.

RS 485 ermöglicht den unterschiedlichen Aufbau von Prozeßsystemen. Die SPS kann beispielsweise in einem Schaltschrank installiert werden und von dort aus mehrere Frequenzumrichter in einem anderen Schaltschrank steuern.

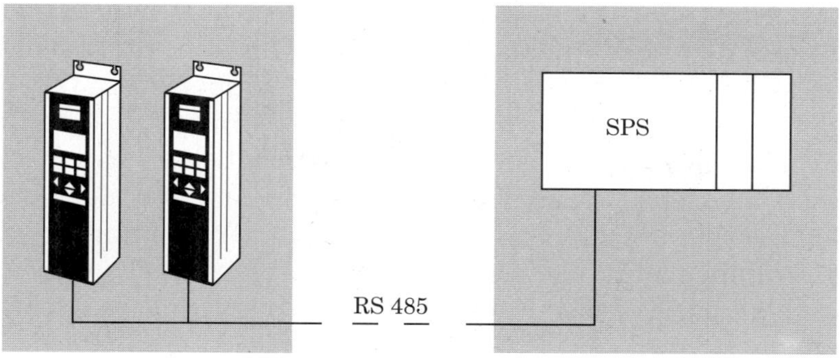

Abb. 2.47 Der Bus ermöglicht viele verschiedene Anlagenaufbauten

Mit dem Übergang von der analogen zur digitalen Technik werden in den Frequenzumrichtern zunehmend serielle Schnittstellen bei

- der Geräteprüfung
- der Inbetriebsetzung
- den Serviceleistungen
- der automatischen Betriebsführung und
- der Visualisierung

eingeführt.

Für den Informationsaustausch zwischen den Frequenzumrichtern und für die Steuerung (SPS/PC) über die serielle Schnittstelle ist ein Protokoll notwendig. Das Protokoll legt fest wie lang die Information (Telegramm) sein darf und an welcher Stelle der Informationskette welche Daten stehen müssen.

Weiterhin bietet das Protokoll im Allgemeinen folgende Funktionen:

- Anwahl (Adressieren) der beteiligten Geräte
- Datenanforderungen von den Geräte (z.B. Istwerte von Strom/Spannung)
- Datenübermittlungen an einzelne Geräte (z.B. Sollwerte, Grenzwerte von Ströme/Frequenzen) über deren Adressen und
- Datenübermittlungen an alle Geräten (BROADCAST) um zum Beispiel ein gleichzeitiges Stoppen/Starten zu ermöglichen. Hier ist eine Rückmeldung von den Geräten nicht notwendig.

Jeder Hersteller legt sein eigenes Protokoll fest. Dies bedeutet daß der Anwender beim Einsatz von Geräten verschiedener Hersteller sich immer wieder mit Programmierungen beschäftigen muß. Um die Parametrierung, Fehlerdiagnose oder einfache Steuerungsaufgabe per PC zu ermöglichen, bieten viele Hersteller Software an. Dabei ist die meistverwendete Übertragungsrate 9600 Bit/sek. Bei komplexen Anwendungen oder Anwendungen für die diese Geschwindigkeit nicht ausreicht, empfiehlt sich eine intelligente leistungsfähigere Schnittstellenbaugruppe wie PROFIBUS (s. Abb. 2.40).

Herstellerunabhängige Kommunikation

Bussysteme ermöglichen den Einsatz von verschiedenen Einrichtungen wie SPS, PC, Frequenzumrichter, Sensoren und Aktoren zur Automatisierung technischer Prozesse. Für den Informationsaustausch dieser Feldgeräte mit übergeordneten Systemen sowie untereinander werden bitserielle Feldbusse als Kommunikationsmedium eingesetzt. Herstellerspezifische Protokolle werden zu Insellösungen führen. Aus der Sicht des Anwenders ist ein herstellerunabhängiges Protokoll notwendig. Ein offenes und bewährtes Protokoll ist das PROFIBUS Protokoll.

PROFIBUS ermöglicht den Datenaustausch zwischen Geräte unterschiedlicher Hersteller ohne spezielle Schnittstellenanpassung. Er hat sich in vielen Anwendungen im Bereich der Gebäude- und Fertigungsautomatisierung, der Antriebs- und Verfahrenstechnik bewährt.

Entsprechend den möglichen Anwendungsgebieten werden drei Varianten unterschieden:

FMS (Fieldbus Message Service)-Protokoll
Dies ist die universelle Lösung für Kommunikationsaufgaben. Die FMS Dienste ermöglichen es wegen ihre große Flexibilität, umfangreiche Kommunikationsaufgaben bei einer mittleren Datengeschwindigkeit zu bewältigen. Das FMS Protokoll wird zB. in der Textilindustrie, Gebäudeleit- und Antriebstechnik, Aktorik und Sensorik sowie bei Niederspannungs-Schaltgeräten eingesetzt.

DP (Dezentrale Peripherie)-Protokoll
Diese auf Geschwindigkeit optimierte Variante ist speziell auf die Kommunikation zwischen Automatisierungssystemen und den dezentralen Peripheriegeräten zugeschnitten. Sie ist geeignet als Ersatz für die kostenintensive parallele Signalübertragung mit 24 V und die Meßwertübertragung mit 20 mA.
Das DP Protokoll wird meistens bei der Fertigungsautomatisierung eingesetzt.

PA (Process Automation)
PROFIBUS-PA ist die PROFIBUS-Variante für Anwendungen in der Prozeßautomatisierung. PROFIBUS-PA verwendet die in IEC 1158-2 festgelegte eigensichere Übertragungstechnik und ermöglicht die Fernspeisung der Teilnehmer über den Bus.

Außer PROFIBUS gibt es andere Kommunikationssysteme für Frequenzumrichter auf dem Markt zu finden wie
- Modbus +
- Interbus-S
- Device Net
- Lonworks.

3. Frequenzumrichter und Drehstrommotor

Für das vom Asynchronmotor entwickelte Drehmoment (M) gilt allgemein $M \sim \Phi \times I_L$ wobei I_L der Läuferstrom und Φ der Maschinenhauptfluß ist.

Um ein optimales Drehmoment aus dem Motor erhalten zu können, soll der Maschinenhauptfluß ($\Phi \sim U/f$) konstant gehalten werden. Dies bedeutet, daß bei einer Änderung der Speisefrequenz (f) die Speisespannung (U) proportional geändert werden muß (siehe Abb. 3.01).

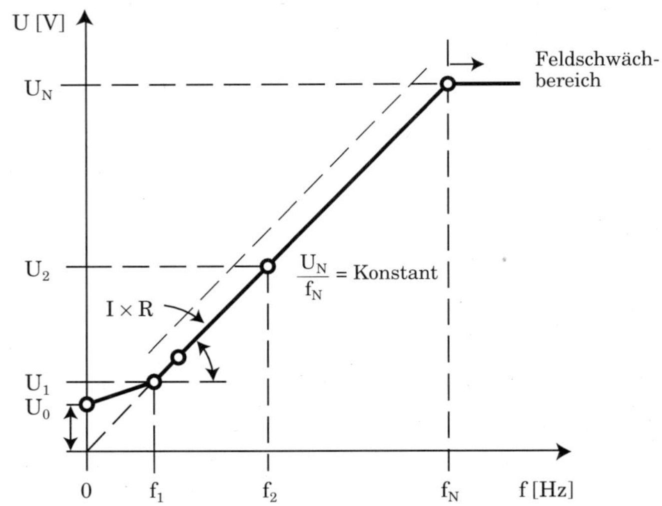

Abb. 3.01 U/f-Kennlinie-Steuerung

Für Schweranläufe (Schnecke) bzw. ein optimales Losbrechmoment wird eine Zusatz-(Start)Spannung (U_0) notwendig.
Im niedrigen Drehzahlbereich ($f < 10$Hz) und bei Belastung macht sich der Spannungsverlust am Wirkwiderstand der Ständerwicklung (vor allem bei Kleinmotoren) stark bemerkbar und bewirkt eine direkte Schwächung des Luftspaltfluß (Φ).

Beispiel
Ein 1,1 kW, 3 × 400 V/50 Hz Motor mit Ständerwiderstand (eine Phase) von ca. 8 Ω nimmt bei Nennlast 3 A auf.

Der Spannungsabfall am Ständerwiderstand beträgt in diesem Fall 8 Ω × 3 A = 24 V. Der Motorhersteller sorgt dafür, daß im Nennbetrieb dieser Verlust kompensiert wird.

Nach der U/f-Kennlinie-Steuerung wird idealerweise 40 V bei 5 Hz, der Motor zur Verfügung gestellt. Der Motor wird bei Belastung mit der Nennlast die 3 A aufnehmen und damit einen Spannungsverlust von 24 V aufweisen. Es bleiben dann nur 16 V zur Magnetisierung. Der Motor wird mit dieser Spannung untermagnetisiert sein und bringt somit ein reduziertes Moment.

Eine Kompensation dieses Spannungsabfalls muß vorgenommen werden, um den Maschinenfluß aufrechterhalten zu können.

Die einfachsten Methoden sind:
- den unteren Bereich durch Anhebung der Ausgangsspannung entweder gesteuert oder
- geregelt durch die Wirkstromkomponente des Umrichterausgangstromes vorzugeben.

Diese Kompensation wird meistens die I×R-Kompensation, Boost, Momentenanhebung, oder bei Danfoss Startkompensation genannt.

Diese Art der Steuerung stößt an ihre Grenzen, wo die Störgrößen bei stark veränderlicher Belastung schlecht zu erfassen sind (Beispiel hierfür sind Antriebe mit betriebsmäßigen Schwankungen des Wicklungswiderstands bis zu 25% zwischen warmem und kaltem Zustand). Die Spannungsanhebung kann Verschiedenes bewirken. Im Leerlauf kann sie zu einer Sättigung des Motorflusses führen oder bei Belastung zu einem zu geringen Hauptfluß. Bei der Sättigung wird ein hoher Blindstrom, der zur Erwärmung des Motors führt, fließen. Bei Belastung wird der Motor aufgrund des schwachen Hauptflußes wenig Drehmoment entwickeln und eventuell zum Stillstand kommen.

Betriebsbedingungen des Motors

Kompensationen

Früher war es schwierig, den Frequenzumrichter auf den Motor abzustimmen. Dies hatte den Grund, daß die Bedeutung einiger Kompensationsfunktionen wie »Startspannung«, »Start-« und »Schlupfkompensation« nur schwer überschaubar war.

Der Frequenzumrichter steuert automatisch diese Kompensationsparameter nach Frequenz, Spannung und Strom des Motors. In der Regel lassen sich diese Kompensationseinstellungen auch manuell ändern.

Lastabhängige und -unabhängige Kompensationsparameter

Diese Kompensationsparameter gewährleisten eine optimale Magnetisierung und somit ein maximales Moment beim Starten, bei niedrigen Drehzahlen sowie dem Bereich bis Motornenndrehzahl. Die Ausgangsspannung bekommt einen Spannungszuschuß, mit dem der Einfluß des ohmschen Widerstands der Motorwicklungen bei niedrigen Frequenzen überwunden wird. Der lastabhängige Spannungszuschuß (Start- und Schlupfkompensation) wird über die Strommessung (Wirkstrom) bestimmt. Der lastunabhängige Zuschuß (Startspannung) gewährleistet ein optimales Losbrechmoment im niedrigen Drehzahlbereich.

Ein Motor, der wesentlich kleiner als die empfohlene Motorgröße ist, kann einen zusätzlichen, manuell einstellbaren Spannungszuschuß benötigen, um losbrechen zu können oder im niedrigen Drehzahlbereich eine optimale Magnetisierung zu gewährleisten.

Bei Betrieb von mehreren Motoren an einem Frequenzumrichter (Parallelbetrieb) sollte die lastabhängige Kompensation nicht verwendet werden.

Bei Frequenzumrichtern der neuesten Generation wird diese Kompensation (bei Standardanwendungen) automatisch vom Frequenzumrichter eingestellt.

Schlupfkompensation

Der Schlupf eines Asynchronmotors ist belastungsabhängig und beträgt ca. 5% der Nenndrehzahl. Für einen zweipoligen Motor bedeutet dies, daß der Schlupf bis zu 150 Umdr./min beträgt.

Der Schlupf beträgt dann aber ca. 50% der gewünschten Drehzahl, wenn ein Frequenzumrichter einen Motor mit z.B. 300 Umdr./min (10% der Nenndrehzahl) steuern soll.

Wenn der Frequenzumrichter den Motor mit 5% der Nenndrehzahl steuern soll, bleibt daher der Motor bei Belastung stehen. Diese Belastungsabhängigkeit ist unerwünscht und bei einer effektiven Strommessung in den Ausgangsphasen des Frequenzumrichters kann der Frequenzumrichter den Schlupf vollständig kompensieren.

Der Frequenzumrichter kompensiert den Schlupf dadurch, daß die Frequenz einen Zuschuß erhält, der dem gemessenen effektiven Strom folgt. Diese Form der Kompensierung wird als aktive Schlupfkompensation bezeichnet.

Momentencharakteristiken des Motors

Stromgrenze

Bei einem Frequenzumrichter, der einen Strom mehrmals größer als der Motornennstrom abgibt, kann die Momentenkennlinie des Motors wie in Abb. 1.22 (Seite 33) dargestellt aussehen.

Solch hohe Ströme können dem Motor und Frequenzumrichter (leistungselektronische Bauelemente) schaden und sind für den normalen Motorbetrieb nicht notwendig. Daher begrenzt der Frequenzumrichter indirekt den Motorstrom in dem er die Ausgangsspannung und damit die Frequenz reduziert. Die Stromgrenze ist variabel und gewährleistet, daß der Motorstrom den Sollwert nicht ständig übersteigt. Da der Frequenzumrichter die Drehzahl des Motors unabhängig von der Belastung steuert, ist es möglich verschiedene Grenzwerte im Nennarbeitsbereich des Motors einzustellen.

Die Momentenkennlinie des Motors liegt bei einigen Frequenzumrichtertypen innerhalb der Nennwerte. Es ist jedoch von Vorteil, wenn der Frequenzumrichter über kürzere oder längere Zeit ein Moment von z.B. 160% des Nennmoments zuläßt. Es ist auch üblich, daß ein frequenzumrichtergesteuerter Motor im übersynchronen Bereich bis z.B. 200% der Nenndrehzahl betrieben werden kann.

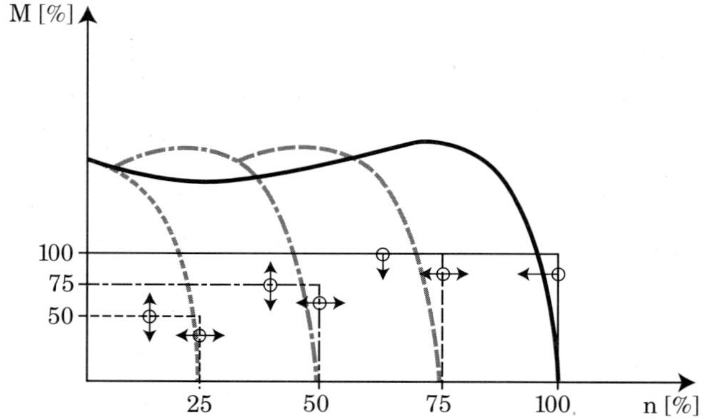

Abb. 3.02 Die Momentenkennlinie eines frequenzumrichtergesteuerten Motors kann in »Rechtecken« eingestellt werden

Der Frequenzumrichter kann keine höhere Spannung als die des Versorgungsnetzes abgegeben. Das bewirkt ein fallendes Spannungs-Frequenzverhältnis, wenn die Drehzahl die Nenndrehzahl übersteigt. Das Magnetfeld wird geschwächt und das vom Motor abgegebene Moment fällt um 1/n.

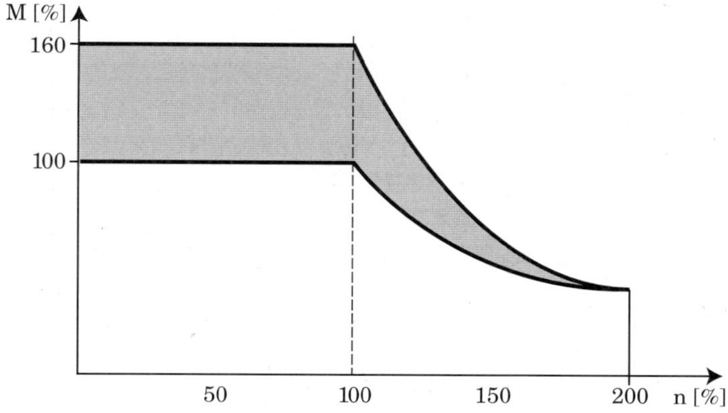

Abb. 3.03 Moment und Übermoment des Motors

Der maximale Ausgangsstrom des Frequenzumrichters bleibt. Dieser gibt eine konstante Leistung bis 200% der Nenndrehzahl ab.

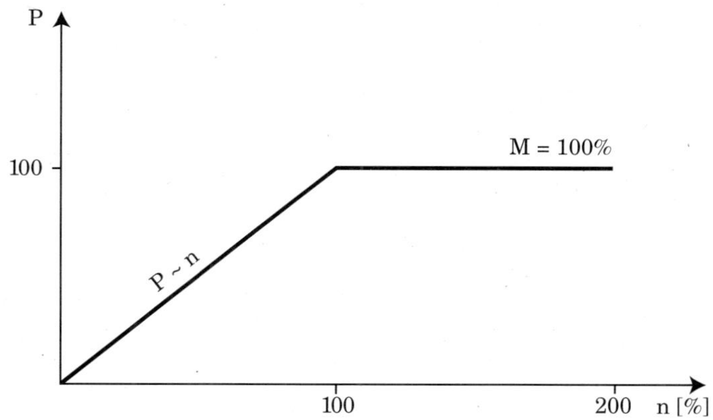

Abb. 3.04 Leistung des Motors

Die Drehzahl des Motors kann unterschiedlich angegeben werden. In Umdrehungen je Minute [Umdr/min], in Hertz [Hz] oder in Prozent der Motornenndrehzahl [%]. Ausgangspunkt ist immer die Drehzahl des Motors bei Nennfrequenz.

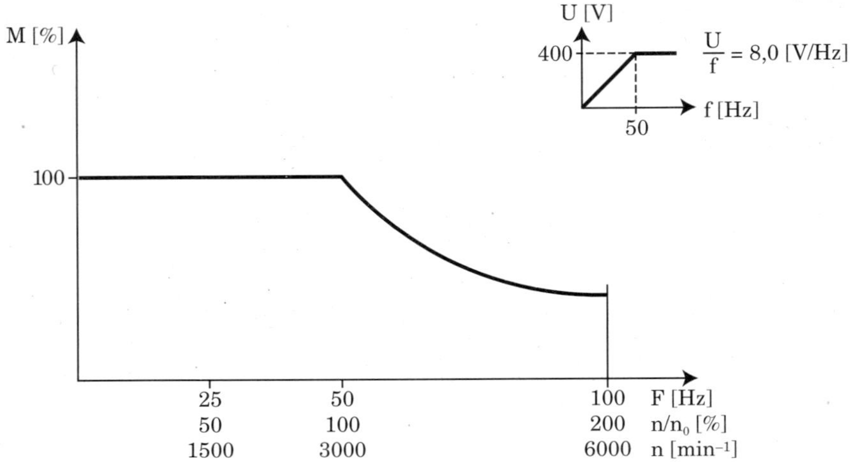

Abb. 3.05 Angabe der Drehzahl (hier für einen 2-poligen Motor)

Eine Änderung vom Spannungs-Frequenzverhältnis beeinflußt die Momentenkennlinie. Untenstehende Abbildung zeigt die Momentenkennlinie bei einer Verringerung des Spannungs/Frequenzverhältnisses auf 6,7 [V/Hz].

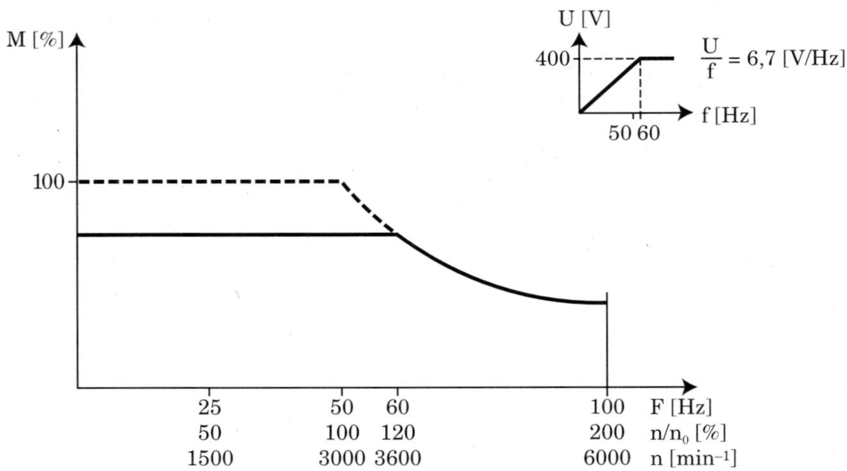

Abb. 3.06 Moment bei einer anderen Einstellung des U/f-Verhältnisses

Forderungen an moderne digitale Frequenzumrichter

Die positive Entwicklung der Leistungselektronik, der Mikroprozessortechnik, sowie der integrierten Schaltungen haben die elektrische Antriebstechnik in den letzten Jahren sehr stark beeinflußt.
Durch diese Entwicklung werden wachsende Anforderungen an Bearbeitungsgeschwindigkeit und -genauigkeit von neuen Systemkomponenten, die die digitale Antriebsregelung ermöglichen, gefordert.

Einige Vorteile der digitalen Antriebsregelung sind:

- Reproduzierbarkeit und Konstanz der Reglerparameter
- leichte Realisierung von steuernden Eingriffen
- Flexibilität für anwendungsspezifische Applikationen
- Erhöhung der Reglergenauigkeit und des Regelbereiches.

Bei der analogen Technik wurden Abgleichmaßnahmen mit Potentiometer oder passiven Bauelementen realisiert. Hierbei können Offset- und Temperaturdriftprobleme auftreten. Bei digitalen Regelungen können ermittelte Reglerparameter in einem Speicherbaustein (z.B. EEPROM) hinterlegt werden.

Mit dem Mikroprozessor kann man unter anderem auf einfachste Weise Funktionen, wie Reglersperre, Datensatzumschaltung usw. realisieren. Auch komplette Fahrprogramme (Ablaufsteuerung) und antriebsspezifische Intelligenz kann in den Frequenzumrichter verlagert werden.
Bis vor einigen Jahren wurde für drehzahlgeregelte Antriebe mit hohem Stellbereich, sowie für gute Führungs- und Lastverhalten die Gleichstrommaschine eingesetzt.

Die obengenannten Entwicklung auf dem elektronischen Markt hat dazu geführt, daß an Frequenzumrichter und Asynchronmaschine auch höhere dynamische Forderungen gestellt werden. Um dieser Forderung gerecht zu werden, muß ein ähnliches Verhalten, wie bei der Gleichstrommaschine über die Digitaltechnik realisiert werden.

Die U/f-Kennlinien-Steuerung am Frequenzumrichter, wird nicht mehr ausreichen, dieser dynamischen Forderung gerecht zu werden. Hier wird das Prinzip der feldorientierten Regelung, häufig auch Vektorregelung genannt, verwendet.

Feldorientierte (Vektor) Regelung

Es gibt eine Vielzahl von Ausführungsformen der Vektorregelung. Der wesentliche Unterschied liegt darin, nach welchen Kriterien die Größen Wirkstrom, Magnetisierungsstrom (Fluß) und Drehmoment berechnet werden.

Eine Gegenüberstellung der Gleichstrommaschine mit der Drehstrom-Asynchronmaschine (s. Abb. 3.07) zeigt die zu erwartenden Probleme. Bei der Gleichstrommaschine liegen durch die Anordnung der Feldwicklung und der Stellung der Bürsten, die für die Drehmomentbildung wichtigen Größen – Fluß (Φ) und Ankerstrom – nach Betrag und Phasenlage fest (Abb. 3.07a).

Anker- und flußbildender Strom stehen senkrecht aufeinander und beide Größen sind betragsmäßig leicht erfassbar. Bei dem Asynchronmotor ist die Lage des Flusses (Φ) und des Läuferstromes I_L lastabhängig. Phasenwinkel und Betrag des Stromes sind außerdem nicht über Statorgrössen direkt meßbar, wie bei der Gleichstrommaschine.

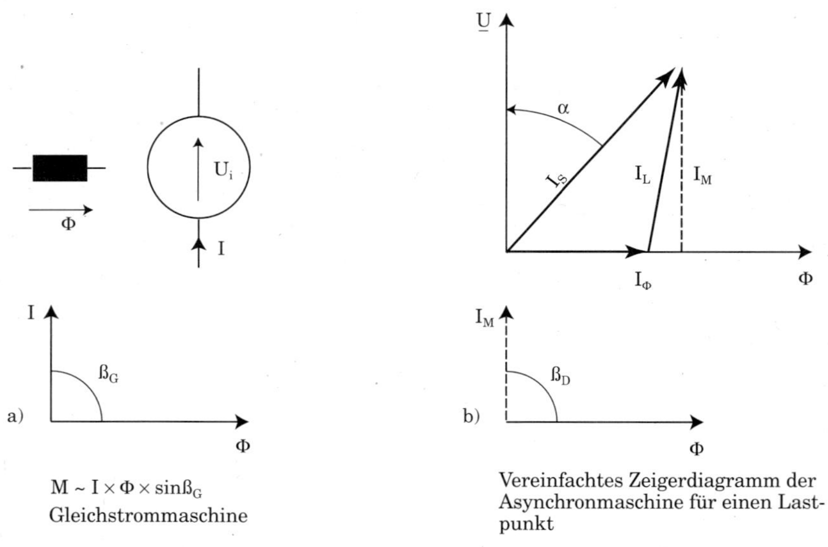

Abb. 3.07 Gegenüberstellung Gleichstrom- und Drehstrom-Asynchronmaschine

Über eine mathematische Motormodellbildung läßt sich das Drehmoment aus der Verknüpfung des Flusses mit dem Ständerstrom jedoch errechnen. Der gemessene Ständerstrom (I_S) wird zerlegt in die drehmomentbildende Komponente (I_L), die mit dem Fluß (Φ) das Drehmoment erzeugt, und die senkrecht dazu verlaufende Komponente (I_B). Diese erzeugt den Maschinenfluß (Abb. 3.08).

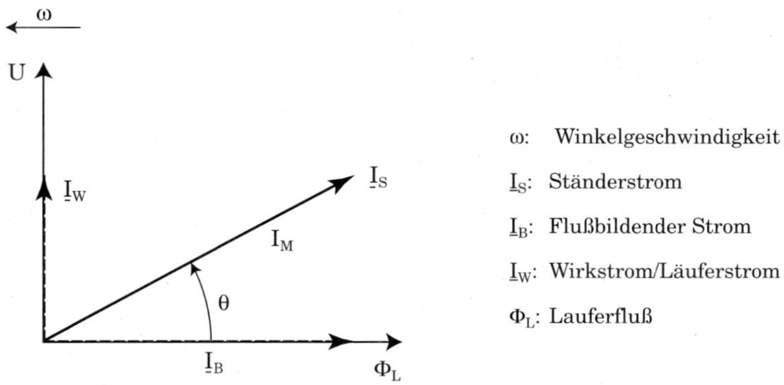

$M \sim I_S \times \Phi_L \times \sin\theta$

Abb. 3.08 Berechnung der Stromkomponenten für die feldorientierte Regelung

Mit Hilfe dieser beiden Stromkomponenten kann voneinander unabhängig, sowohl auf das Drehmoment, als auch auf den Fluß eingewirkt werden. Die erforderliche Berechnung mit Hilfe von dynamischen Maschinenmodellen erfordert eine aufwendige Datenverarbeitung, die den Einsatz nur bei digitalen Antrieben wirtschaftlich macht. Durch diese Technik der Aufteilung auf zwei Regelkreise für
- den belastungsunabhängigen Erregungszustand und
- das Drehmoment

gelingt es, die Asynchronmaschine genauso dynamisch zu regeln wie die Gleichstrommaschine. Diese Art von Regelung fordert allerdings ein Rückführungssignal (z.B. Tacho). Vorteile dieser Art von Drehstromregelung sind:
- gute Reaktion zu Laständerungen
- genaue Geschwindigkeitsregelung
- volles Moment bei Null Drehzahl
- Antriebsleistung vergleichbar mit Gleichstromantrieben.

U/f-Kennlinie und Flußvektorsteuerung

Die Drehzahlsteuerung für Drehstrommotoren hat sich in den letzten Jahren aus zwei verschiedenen Steuerprinzipien entwickelt:

- die normale U/f-Steuerung und
- die Flußvektor-Steuerung.

Je nach den konkreten Anforderungen an Antriebsleistung (Dynamik) und Genauigkeit haben beide Methoden ihre Vor- und Nachteile.

Die U/f-Kennlinie-Steuerung hat ihre Begrenzung im Drehzahlregelbereich. Er liegt im gesteuerten Bereich bei ca. 1:20. Bei niedrigen Drehzahlen ist eine alternative Steuerungsstrategie (Kompensationen) notwendig.
Der Vorteil liegt jedoch in der

- relativ einfachen Anpassung des Frequenzumrichters an den Motor
- Robustheit gegen Stoßlast im gesamten Drehzahlbereich.

Bei Flußvektorantrieben muß eine genaue Anpassung des Frequenzumrichters an den Motor vorgenommen werden. Dies erfordert genaue Kenntnisse über den zu steuernden Drehstrommotor. Eine zusätzliche Komponente für das Rückführsignal ist notwendig.
Hier liegt der Vorteil

- in der schnellen Reaktion auf Drehzahländerungen und im großen Regelbereich
- im besseren dynamischen Verhalten bei Drehrichtungumkehrungen
- in einer Steuerstrategie für den gesamten Drehzahlbereich

Für den Anwender ist die optimale Lösung eine Motor-Drehzahlsteuerung, die die stärksten Eigenschaften beider Strategien in sich vereint. Merkmale wie Stabilität gegen schrittweise Be-/Entlastung über den gesamten Drehzahlbereich, eine typische Stärke des »U/f-gesteuerten« Drehstrommotors, und schnelles Ansprechen auf Änderungen in der Solldrehzahl (bei feldorientierter Steuerung) sind offensichtliche Anforderungen an künftige Motor-Drehzahlsteuerungen. Eine neue Steuerstrategie, die durch Kombination der robusten Eigenschaften der U/f-Steuerung mit der höheren, dynamischen Leistung der feldorientierten Regelprinzipien neue Maßstäbe für Antriebe mit Drehzahlsteuerung setzt, ist die Danfoss VVC^{plus} Steuerung.

Nachfolgend werden weitere Merkmale der VVC^{plus} Steuerung beschrieben.

Schlupfausgleich

Unabhängig vom tatsächlichen Lastdrehmoment wird die magnetische Feldstärke des Motors und die Wellendrehzahl auf dem jeweiligen Sollwert gehalten. Dies geschieht durch zwei Ausgleichsfunktionen: den Schlupfausgleich und den sogenannten Lastkompensator (s. Danfoss VVC^{plus} Steuerung Kap. 2 für die Beschreibung des Lastkompensators).

Der Schlupfausgleich addiert zum Solldrehzahlsignal eine berechnete Schlupffrequenz (Δf), um den erforderlichen Frequenzsollwert zu erhalten. (s. Abb. 2.32) Die Ständerfrequenz wird durch eine benutzerdefinierte Hochlaufzeit (Rampe) anstiegsbegrenzt. Der Schlupfschätzwert leitet sich aus dem Schätzwert der Drehmomentlast und der tatsächlichen magnetischen Feldstärke ab, d.h. er berücksichtigt auch eine Feldabschwächung.

Das stationäre Verhalten des Steuersystems ist zusammen mit den Drehmoment/Drehzahl-Kurven in Abb. 3.09 dargestellt.

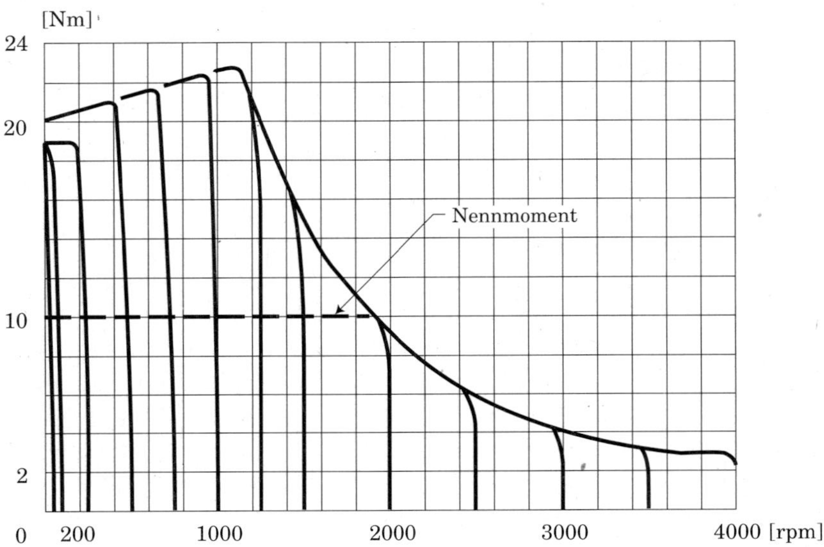

Abb. 3.09 Drehmoment / Drehzahl Kennlinie (Nennmoment 10 Nm)

Automatische Motoranpassung (AMA)

Automatische Einstellfunktionen finden bei Industrieprodukten immer mehr Verbreitung. Dies soll die Installation und erste Inbetriebnahme erleichtern. Hierzu werden der Ständerwiderstand und die -induktanz gemessen. Ein Vorteil solcher Vorortmessungen besteht darin, daß sich auf diese Weise installationsbedingte Abweichungen der elektrischen Parameter berücksichtigen lassen.

Während der Inbetriebnahme müssen die Motoranschlüsse auf ihre Richtigkeit geprüft werden, um die Gültigkeit der Daten sicherzustellen.

Einzustellende Parameter

Die Parameter im Steuersystem sind auf den jeweiligen Motor abgestimmt, d.h. auf die entsprechenden Stromkreisparameter und Typenschilddaten. Die Motordaten erhält man durch automatische Anpassung (AMA), manuelles Einlesen (Standarddaten, Standardwiderstand und -reaktanz) oder durch Verwendung der Standarddaten (Motornennleistung, -spannung, -frequenz, -drehzahl und -strom). Aufgrund dieses Ansatzes kann der Steueralgorithmus über ein breites Leistungsspektrum (0,25 bis 500 kW) verwendet werden.

Die AMA der VVC^{plus} Steuerung führt die Bemessung des Motors im Stillstand aus. Es muß gewährleistet werden, daß der Motor während der Messung durch externe Einflüße nicht gedreht wird.

Automatische Energieoptimierung (AEO)

Durch den zunehmenden Einsatz von Elektroantrieben in der Industrie genießen Energiesparmöglichkeiten heute einen hohen Stellenwert. Bei vielen Anwendungen, bei denen der Antrieb in verschiedenen Lastzyklen läuft, kann während des Betriebs mit geringerer Belastung durch Reduzierung der Magnetfeldstärke Energie eingespart werden. Dies ist bei vielen Antrieben bis zu einem gewissen Grad dadurch gelöst, daß man für drehmomentveränderliche Lasten U/f-Eigenschaften eingeführt hat, wobei man sich die vorherige Kenntnis des Drehmoment-Drehzahl-Profils (Lüfter, Kreiselpumpen) zunutze machte.

Ein Verfahren zur automatischen Online-Optimierung des Energieverbrauchs für die jeweilige Istlast wird verwendet. Dabei wird der Sollwert angepaßt, der die erforderliche Magnetfeldstärke für die Istlast liefert. Als Kompromiß zwischen höchstmöglicher Einsparung und den realen Applikationsanforderungen eines Mindestdrehmoments bei festgebremstem Läufer (Kippdrehmoment) wurde, damit der Motor genügend robust ist, ein unterer Grenzwert festgelegt.

Die Einstellungen beruhen ausschließlich auf den verfügbaren Daten in der Steuerung, so daß für diese Funktion keine zusätzlichen Abstimmungen oder Parameter notwendig sind. Im Gegensatz zum normalen drehzahlgesteuerten Betrieb mit magnetischer Bemessungsfeldstärke verringert die Energieoptimierung die Verluste im Motor und spart dadurch Energie. Das durchschnittliche Einsparpotential für kleine bis mittlere Antriebe beträgt 3 bis 5% der Nennleistung beim Betrieb mit geringen Lasten. Als sehr wichtiger Nebeneffekt läuft der Motor bei Kleinlasten nahezu geräuschlos – selbst bei niedrigen bis mittleren Schaltfrequenzen.

Betrieb in der Stromgrenze

Spannungsgeführte PWM-Frequenzumrichter, die nach der einfache U/f-Kennlinie-Steuerung arbeiten, können im allgemein nicht »glatt« an der Stromgrenze arbeiten. Die Spannung (und automatisch die Frequenz) wird zunächst reduziert bis die eingestellte Stromgrenze erreicht wird. Sobald diese Grenze erreicht wird, versucht der Frequenzumrichter den eingestellten Sollwert erneut zu erreichen (Spannung und Frequenz werden wieder erhöht). Dies führt zu einer Erhöhung bzw. Reduzierung der Drehzahl, was z.B. die Mechanik der Anlage unnötig belastet oder eventuel die Qualität der Produkte negativ beeinflussen kann.

Es kann unter Umstände zur abrupten Abschaltung kommen:

- wenn über eine interne Rampe die Spannung und Frequenz reduziert bzw. bis zur Abschaltung (Wechselrichter überlastet) erhöht wird oder
- die Last reduziert wird.

Moderne PWM-Frequenzumrichter suchen sich (über eine interne Rampe) einen Arbeitspunkt, bei dem die eingestellte Stromgrenze nicht überschritten wird und steuern den Motor »glatt« zu diesen Arbeitspunkt. Ein Warnsignal wird gemeldet, um den Anwender darauf hinzuweisen, daß die Stromgrenze erreicht ist. Der Frequenzumrichter schaltet erst ab, wenn keine passende Frequenz gefunden wird.

Wahl der Frequenzumrichtergröße

Wenn die notwendige Leistungsgröße eines Frequenzumrichters für eine gegebene Belastung bestimmt werden soll, muß als erstes entschieden werden, welche Belastungskennlinie vorliegt. Danach kann berechnet werden, welche Frequenzumrichtergröße für die notwendige Ausgangsleistung benötigt wird. Für die Berechnung der notwendigen Ausgangsleistung gibt es vier unterschiedliche Methoden, die nach den vorhandenen Motordaten gewählt werden.

Belastungskennlinien

Bevor die Frequenzumrichtergröße bestimmt werden kann, ist zwischen den zwei meist verbreiteten Belastungskennlinien zu unterscheiden (s. Abb. 1.32 – Seite 43).

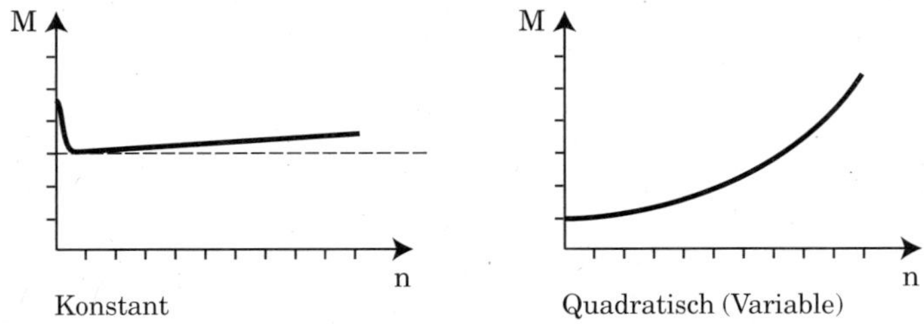

Abb. 3.10 Konstantes und quadratisches Belastungsmoment

Der Grund für die Unterscheidung der Belastungskennlinien:

- Wenn die Drehzahl für Pumpen und Lüfter steigt, steigt der Leistungsbedarf mit der 3. Potenz der Drehzahl ($P=n^3$).
- Der normale Arbeitsbereich von Pumpen und Ventilatoren liegt im Drehzahlbereich 50 bis 90%. Der Belastungsgrad steigt in der 2. Potenz zur Drehzahl, also etwa 30 bis 80%.

Diese beiden Verhältnisse lassen sich in die Momentenkennlinie für einen frequenzumrichtergesteuerten Motor einzeichnen.

Abb. 3.11 und 3.12 zeigen Momentenkennlinien für zwei unterschiedliche Frequenzumrichtergrößen, die eine (Abb. 3.12) ist eine Leistungsstufe niedriger als die andere. Bei beiden Momentenkennlinien wurde die gleiche Belastungskennlinie einer Zentrifugal-Pumpe eingezeichnet. In Abb. 3.11 liegt der gesamte Arbeitsbereich der Pumpe (0-100%) innerhalb der Nennwerte des Motors. Da der normale Arbeitsbereich der Pumpe 30-80% ist, kann ein Frequenzumrichter mit einer niedrigeren Ausgangsleistung gewählt werden.

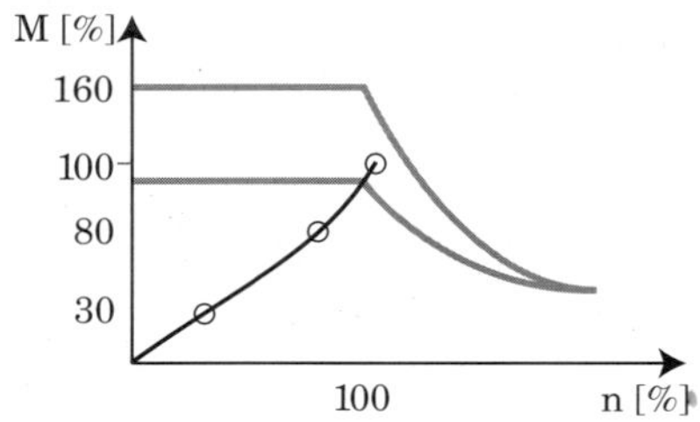

Abb. 3.11
»Großer« Frequenzumrichter

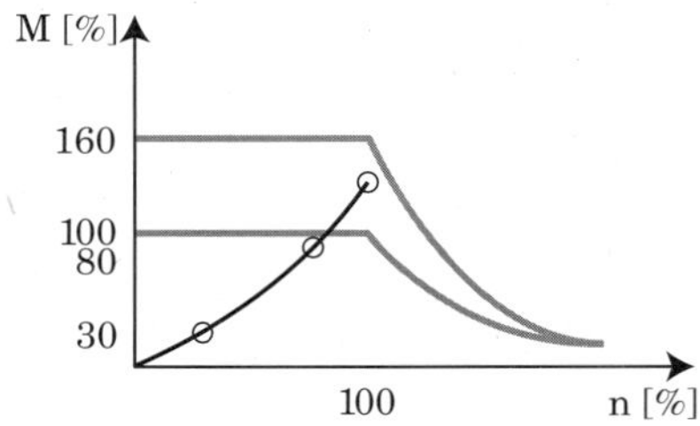

Abb. 3.12
»Kleinerer« Frequenzumrichter

Bei konstantem Belastungsmoment muß der Motor ein Moment abgeben können, das größer als das Belastungsmoment ist. Der Momentenüberschuß wird für die Beschleunigung verwendet.

Ein vom Frequenzumrichter abgegebenes kurzzeitiges Übermoment von 60 % reicht für die Beschleunigung und hohe Startmomente, z.B. bei Förderbändern. Das Übermoment gewährleistet auch, daß die Anlage Belastungsstöße verkraftet. Ein Frequenzumrichter, der kein Übermoment zuläßt, ist so groß zu wählen, daß das Beschleunigungsmoment (M_B) innerhalb des Nennmoments liegt.

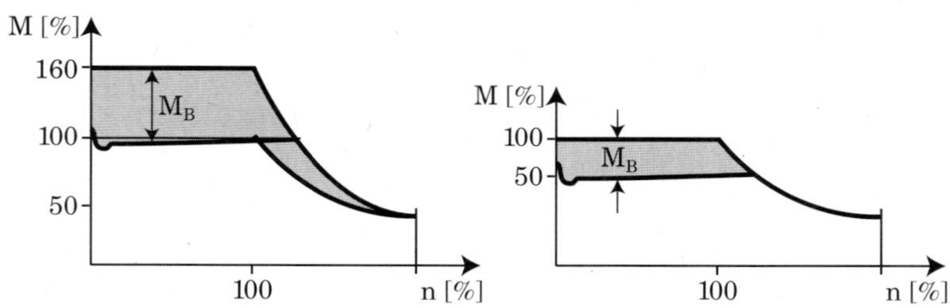

Abb. 3.13 Übermoment wird zur Beschleunigung genutzt

Nach Festlegung der Belastungskennlinie gibt es verschiedene Motordaten für die Bestimmung der Leistungsgröße des Frequenzumrichters.

1. Schnell und präzise wird der Frequenzumrichter nach dem Strom I_M bestimmt, den der Motor aufnimmt. Bei nicht voll belastetem Motor kann der Motorstrom beispielsweise an einer entsprechenden Anlage gemessen werden, die in Betrieb ist.

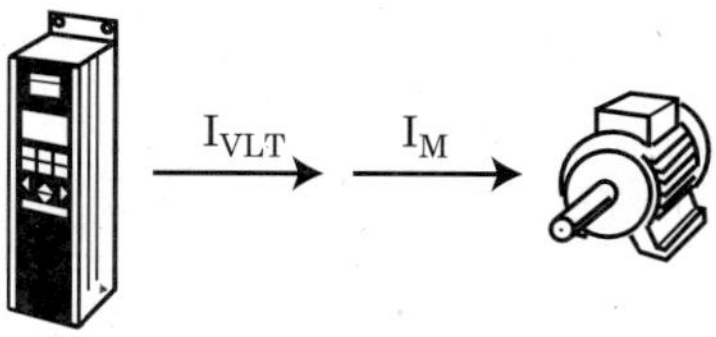

Abb. 3.14 Wahl eines Frequenzumrichters nach Nennstrom

Beispiel: Ein 7,5 kW, 3 x 400 V Motor nimmt 14,73 A auf.

Nach den technischen Daten des Frequenzumrichters wird ein Frequenzumrichter gewählt, dessen maximaler kontinuierlicher Ausgangsstrom größer oder gleich 14,73 A bei konstanter oder quadratischer Momentenkennlinie ist.

Hinweis

Bei der Wahl eines Frequenzumrichters nach einer Leistung (Methode 2-4) ist es wichtig, daß die berechneten Leistungen und die Leistungen, die unter den technischen Daten des Frequenzumrichters angegeben werden, bei gleicher Spannung verglichen werden. Dies ist nicht nötig, wenn der Frequenzumrichter nach einem Strom berechnet wird (Methode 1), da der Ausgangsstrom des Frequenzumrichters bestimmend für die übrigen Daten ist.

2. Der Frequenzumrichter kann nach der Scheinleistung S_M, die der Motor aufnimmt, und der Scheinleistung, die der Frequenzumrichter abgibt, gewählt werden.

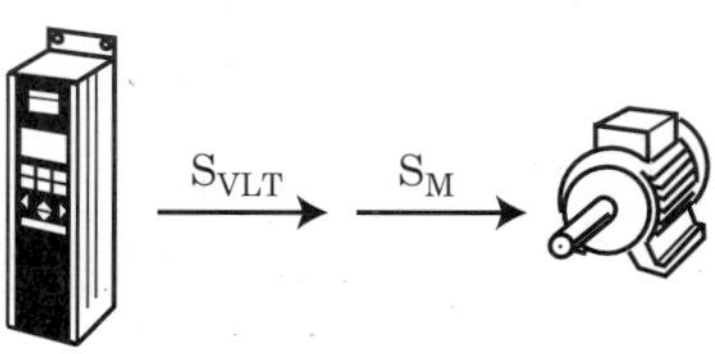

Abb. 3.15 Wahl eines Frequenzumrichters nach Scheinleistung

Beispiel: Ein 7,5 kW, 3 × 400 V Motor nimmt 14,73 A auf

$$S_M = \frac{U \times I \times \sqrt{3}}{1000} = \frac{400 \times 14{,}73 \times \sqrt{3}}{1000} = 10{,}2 \text{ kVA}$$

Nach den technischen Daten des Frequenzumrichters wird ein Frequenzumrichter gewählt, dessen maximale kontinuierliche Ausgangsleistung größer oder gleich 10,2 kVA bei konstanter bzw. quadratischer Momentenkennlinie ist.

3. Ein Frequenzumrichter kann auch nach der abgegebenen Leistung P_M des Motors gewählt werden. Da sich mit der Belastung cos φ und der Wirkungsgrad η ändert, ist diese Methode ungenau.

Abb. 3.16 Wahl eines Frequenzumrichters nach Wellenleistung

Beispiel:
Ein 3 kW Motor mit einem Wirkungsgrad und cos φ von 0,80 bzw. 0,81 hat eine Aufnahme von

$$S_M = \frac{P_M}{\eta \times \cos\varphi} = \frac{3{,}0}{0{,}80 \times 0{,}81} = 4{,}6 \text{ kVA}$$

Nach den technischen Daten des Frequenzumrichters wird ein Frequenzumrichter gewählt, dessen maximale kontinuierliche Ausgangsleistung größer oder gleich 4,6 kVA bei konstanter bzw. quadratischer Momentenkennlinie ist.

4. Die Leistungsgrößen der Frequenzumrichter folgen aus praktischen Gründen der Normreihe der Asynchronmotoren. Der Frequenzumrichter wird deshalb häufig danach bestimmt. Das kann eine ungenaue Auslegung ergeben, besonders, wenn der Motor nicht voll belastet wird.

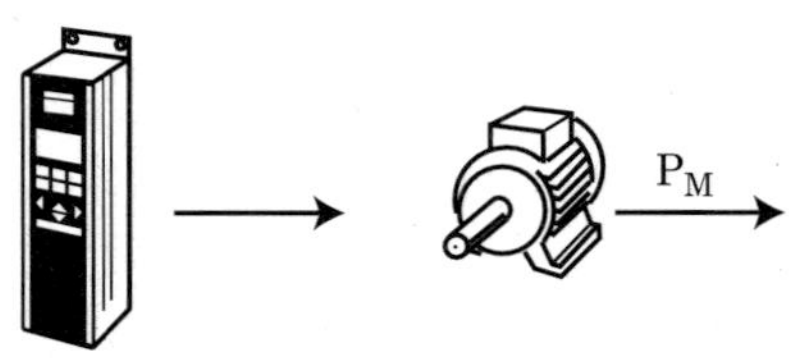

Abb. 3.17 Wahl eines Frequenzumrichters nach der Normreihe der Motoren

Stromaufteilung im Frequenzumrichter (cos φ des Motors)

Der Strom für die Magnetisierung des Motors wird vom Kondensator im Zwischenkreis des Frequenzumrichters zur Verfügung gestellt. Der Magnetisierungsstrom ist ein Blindstrom, der vom Kondensator zum Motor hin und her fließt (Abb. 3.18).

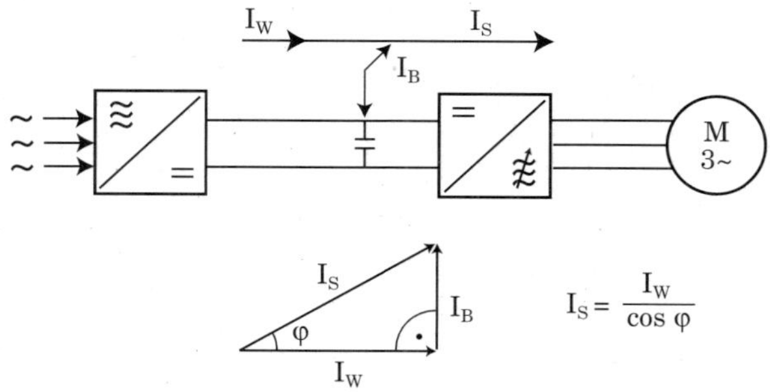

Abb. 3.18 Ströme im Frequenzumrichter

Es wird vom Netz nur der Wirkstrom (I_W) aufgenommen. Deshalb ist der Ausgangsstrom des Frequenzumrichters immer größer als der Eingangsstrom. Zusätzlich zu dem Wirkstrom, werden die Verluste ($I_{Verlust}$) vom Netz aufgenomen. In Leerlauf ist dieses Verhältnis sehr deutlich zu erkennen.

Beispiel:
Der Leerlaufstrom eines vierpoligen 1,1 kW-Motors ist 1,6 A. Der Ausgangsstrom des angeschlossenen Frequenzumrichters wird ca. 1,6 A betragen und der Eingangsstrom im Leerlauf wird annähernd Null sein.

Die Motorenhersteller geben normalerweise den cos φ des Motors bei Nennstrom an. Bei einem niedrigen Wert von cos φ (z.B. Reluktanzmotor) wird der Motornennstrom – bei gleicher Leistung und Nennspannung – nach der Gleichung

$I_S = \frac{I_W}{\cos\varphi}$ größer sein.

Eine Auslegung des Frequenzumrichters nach dem Motornennstrom (Methode 1) wird zu keiner Reduzierung des Motornennmoments führen.

Ein Kondensator, der zur Blindstromkompensation an den Motorklemmen angebracht ist, muß ausgebaut werden. Durch die hohe Schaltfrequenz des Frequenzumrichters wirkt der Kondensator als Kurzschluß und läßt so den Motorstrom unkontrolliert steigen. Dies wird vom Umrichter als Erd- oder Kurzschluß erfaßt und führt zur Abschaltung.

Steuerung der Motordrehzahl

Die Ausgangsfrequenz des Frequenzumrichters und damit die Drehzahl des Motors wird mit einem oder mehreren Signale (0-10 V; 4-20 mA, oder Spannungspulsen), als Drehzahlreferenz gesteuert. Bei Erhöhung der Drehzahlreferenz steigt die Drehzahl des Motors. Der senkrechte Teil der Momentenkennlinie des Motors wird nach rechts verschoben (Abb. 3.19b).

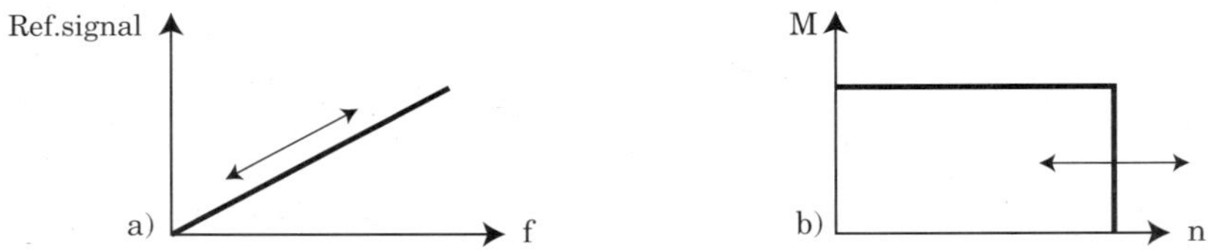

Abb. 3.19 Funktion zwischen Referenzsignal und Momentenkennlinie des Motors

Wenn das Belastungsmoment kleiner als das Motormoment ist, erreicht die Drehzahl den gewünschten Wert. Die Momentenkennlinie der Belastung schneidet die Momentenkennlinie des Motors auf dem senkrechten Teil (Punkt A). Bei einem Schnittpunkt auf dem waagerechten Teil (Punkt B) kann die Drehzahl des Motors den entsprechenden Wert nicht kontinuierlich übersteigen. Der Frequenzumrichter ermöglicht kurzzeitige Überschreitung der Stromgrenze ohne Ausschaltung (Punkt C). Eine zeitliche Begrenzung der Überschreitung ist notwendig.

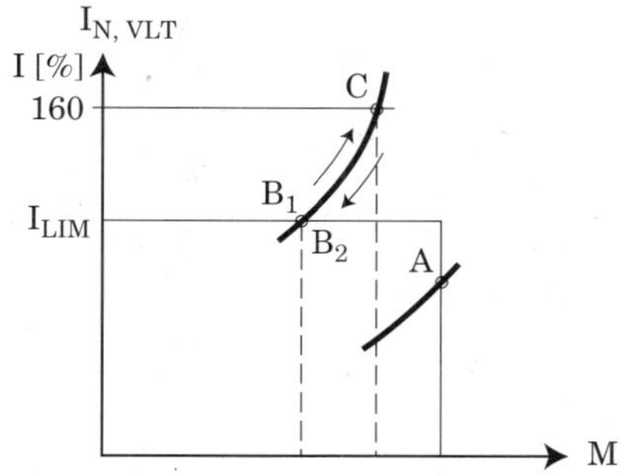

Abb. 3.20 Der Motorstrom kann kurzzeitig die Stromgrenze überschreiten

Beschleunigungs- und Verzögerungsrampen

Die Beschleunigungsrampe gibt an, wie schnell die Drehzahl steigt. Sie wird als Beschleunigungszeit t_{acc} angegeben und sagt aus, wie schnell der Antrieb die neue Drehzahl erreichen soll. Diese Rampen beziehen sich meistens auf die Motornennfrequenz. z.B. eine Beschleunigungsrampe von 5 Sek. bedeutet, der Frequenzumrichter soll von 0 zur die Motornennfrequenz (f_n = 50 Hz) 5 Sek. benötigen.

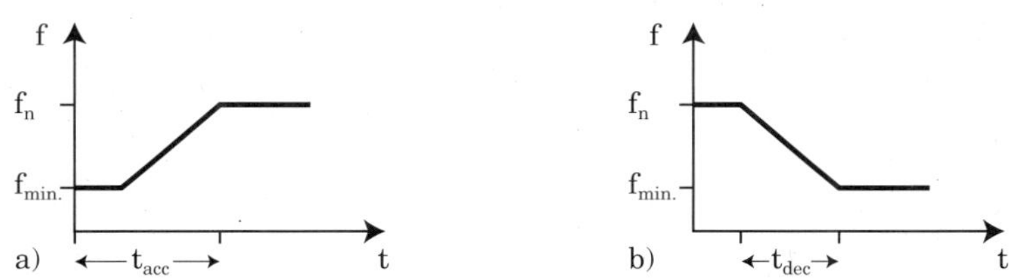

Abb. 3.21 Beschleunigungs- und Verzögerungszeiten

Die Verzögerungsrampe gibt an, wie schnell die Drehzahl fällt. Sie wird als Verzögerungszeit t_{dec} angegeben und sagt aus, wie schnell der Antrieb die neue Drehzahl erreichen soll.

Es kann direkt von Beschleunigung auf Verzögerung umgestellt werden, da der Motor die ganze Zeit der Ausgangsfrequenz des Wechselrichters folgt.

Wenn das Trägheitsmoment der Motorwelle bekannt ist, können die kürzesten Beschleunigungs- und Verzögerungszeiten berechnet werden.

$$t_{acc} = J \times \frac{n_2 - n_1}{(M_{acc} - M_{reib}) \times 9{,}55}$$

$$t_{dec} = J \times \frac{n_2 - n_1}{(M_{dec} + M_{reib}) \times 9{,}55}$$

J ist das Trägheitsmoment der Motorwelle.
M_{reib} ist das Reibungsmoment der Anlage.
M_{acc} ist das Überschußmoment, das für die Beschleunigung verwendet wird.
M_{dec} ist das Bremsmoment, das entsteht, wenn die Geschwindigkeitsreferenz herabgesetzt wird.
n_1; n_2 sind die Drehzahlen bei den Frequenzen f_1 und f_2.

Wenn der Frequenzumrichter für kurze Zeit ein Übermoment zuläßt, werden die Beschleunigungs- und Verzögerungsmomente in der Berechnung mit dem Nennmoment M des Motors angesetzt. In der Praxis haben Beschleunigungs- und Verzögerungszeit meist die gleiche Größe.

Beispiel
$J = 0{,}042\ kgm^2$ $n_1 = 500\ min^{-1}$ $n_2 = 1000\ min^{-1}$
$M_{reib} = 0{,}05 \times M_N$ $M_N = 27\ Nm$

$$t_{acc} = J \times \frac{n_2 - n_1}{(M_{acc} - M_{reib}) \times 9{,}55} = 0{,}042 \times \frac{1000 - 500}{(27{,}0 - (0{,}05 \times 27{,}0)) \times 9{,}55} = 0{,}1\ [s]$$

Bremsbetrieb

Beim Herabsetzen der Geschwindigkeitsreferenz wirkt der Motor als Generator und bremst. Die Bremsverzögerung ist von der Größe der abgegebenen Motorleistung abhängig.
Motoren, die direkt am Versorgungsnetz angeschlossen sind, liefern die Bremsleistung zurück ins Netz.

Bei Steuerung des Motors durch einen Frequenzumrichter wird die Bremsleistung im Zwischenkreis des Frequenzumrichters gespeichert. Übersteigt die Bremsleistung die Verlustleistung des Frequenzumrichters, erfolgt ein Anstieg der Spannung im Zwischenkreis.

Die Zwischenkreisspannung kann ansteigen, bis der Frequenzumrichter aus Sicherheitsgründen ausschaltet. Es kann daher notwendig werden, den Zwischenkreis mit einem Bremsmodul und externen Widerstand zu belasten, der die Bremsleistung aufnimmt.

Mit einem Bremsmodul und -widerstand lassen sich große Belastungen schnell abbremsen. Ab einer gewissen Leistung wird es Wärmeprobleme beim Einsatz von Bremsmodul und -widerstand geben. Hier wird die sogenannte Netzrückspeiseeinheit eingesetzt. Die Netzrückspeiseeinheit wird beim Frequenzumrichter mit ungesteuertem Gleichrichter verwendet.

Beim Frequenzumrichter mit gesteuertem Gleichrichter kann die Bremsleistung in das Versorgungsnetz zurückgeliefert werden (s. Abb. 3.23).
Dies erfolgt z.B. über einen Wechselrichter, der antiparallel über den Gleichrichter geschaltet ist.

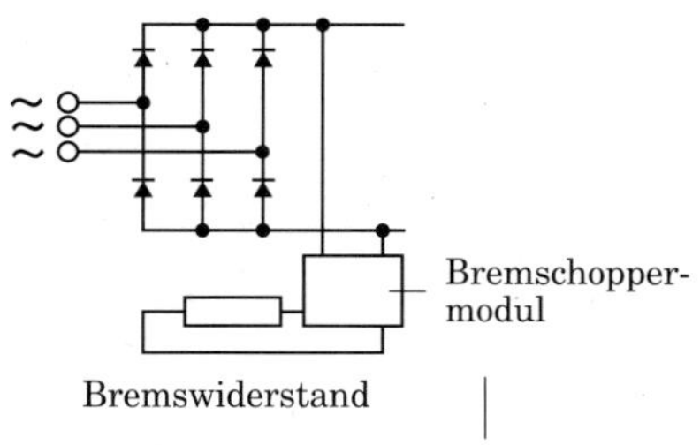

Abb. 3.22
Bremsmodul und -widerstand

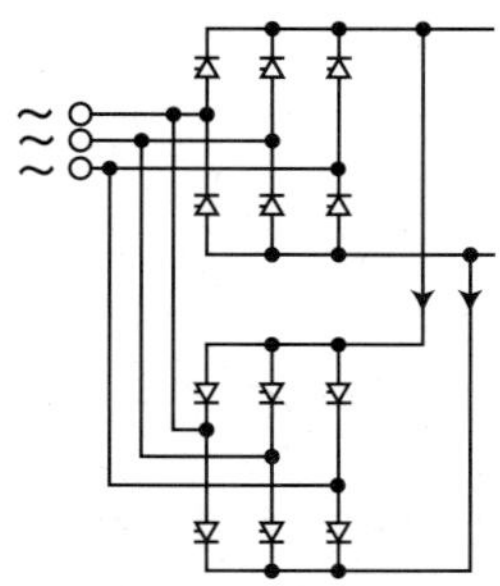

Abb. 3.23
Antiparallelgeschalteter Wechselrichter

Das Gleichstrombremsen (DC-Bremse) ist eine andere Art, den Motor zu bremsen. Mit einer Gleichspannung über zwei Motorphasen wird ein stillstehendes Magnetfeld im Stator erzeugt. Die Bremsleistung bleibt im Motor und es kann eine Überhitzung auftreten. Daher wird empfohlen, das Gleichstrombremsen im niedrigen Drehzahlbereich so einzustellen, daß der Motornennstrom nicht überschritten wird. Generell ist die DC-Bremsung zeitlich begrenzt.

Reversierung

Die Drehrichtung des Asynchronmotors wird von der Phasenfolge der Versorgungsspannung bestimmt.

Beim Tausch von zwei Phasen wechselt die Drehrichtung des Motors: der Motor reversiert.
Die meisten Motoren sind so konstruiert, daß sich die Motorwelle nach rechts dreht, wenn der Anschluß wie gezeigt erfolgt.

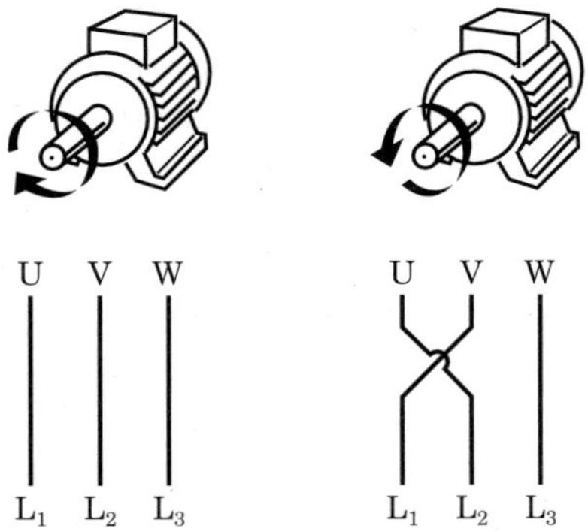

Abb. 3.24 Die Drehrichtung des Motors wechselt bei Änderung der Phasenfolge

Die Phasenfolge der Ausgangsklemmen der meisten Frequenzumrichter folgt auch diesem Prinzip.

Der Frequenzumrichter kann die Drehrichtung des Motors durch eine elektronische Änderung der Phasenfolge ändern. Die Reversierung erfolgt entweder durch eine negative Drehzahlreferenz oder durch ein digitales Eingangssignal. Wenn der Motor eine bestimmte Drehrichtung bei der ersten Inbetriebnahme erfordert, ist es wichtig die Werkseinstellung des Frequenzumrichters zu kennen.

Da der Frequenzumrichter den Motorstrom auf den Nennwert begrenzt, läßt sich ein frequenzumrichtergesteuerter Motor häufiger reversieren als ein Motor, der direkt ans Versorgungsnetz angeschlossen wird.

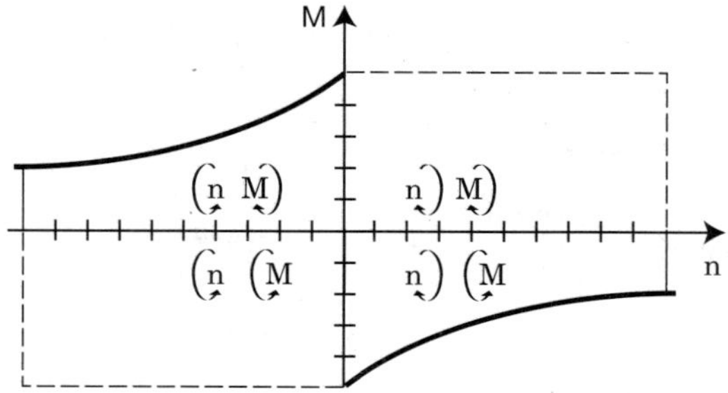

Abb. 3.25 Bremsmoment des Frequenzumrichters bei der Reversierung

Rampen

Für ruhige Betriebsbedingungen sind alle Frequenzumrichter mit Rampenfunktionen versehen. Diese Rampen sind justierbar und gewährleisten, daß die Geschwindigkeitsreferenz nur mit der eingestellten Geschwindigkeit steigen oder fallen kann.

Abb. 3.26 Variable Rampenzeiten

Die Rampenzeiten können so klein eingestellt werden, daß unter Umständen die Drehzahl des Motors nicht folgen kann.

Hierbei steigt der Motorstrom, bis er die Stromgrenze erreicht. Bei kurzen Rampen-ab-Zeiten (t_{-a}) kann die Spannung im Zwischenkreis so steigen, daß die Schutzelektronik den Frequenzumrichter ausschaltet.

Die optimalen Rampenzeiten können nach untenstehenden Formeln berechnet werden.

$$t_a = J \times \frac{n}{(M_N - M_{reib}) \times 9{,}55}$$

$$t_{-a} = J \times \frac{n}{(M_N + M_{reib}) \times 9{,}55}$$

t_a: Rampe auf
t_{-a}: Rampe ab
n:
M_N: Motornennmoment
M_{reib}: Reibungsmoment

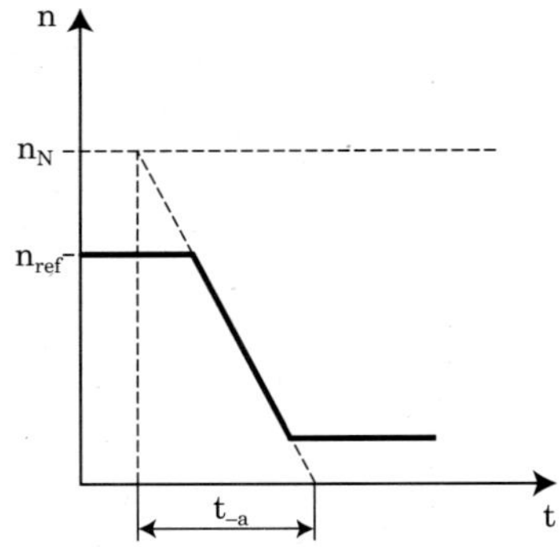

Abb. 3.27 Einstellung der Rampenzeiten

Die Rampenzeiten werden meistens nach der Nenndrehzahl des Motors bestimmt.

Überwachung

Der Frequenzumrichter kann den zu steuernden Prozeß überwachen und bei Betriebsstörungen eingreifen.

Die Überwachung läßt sich in drei Bereiche aufteilen: Anlage, Motor, Frequenzumrichter

Die Anlagenüberwachung erfolgt nach der Ausgangsfrequenz, dem Ausgangsstrom und dem Motormoment. Nach diesen Größen lassen sich eine Reihe von Grenzwerten einstellen, die in die Steuerung eingreifen, wenn eine Überschreitung stattfindet. Die Grenzen können z.B. die kleinste zulässige Motordrehzahl (Min. Frequenz), eine Begrenzung des größten zulässigen Motorstroms (Stromgrenze) oder eine Begrenzung des größten zulässigen Motormoments (Momentgrenze) sein.
Bei Überschreitung der festgelegten Grenzen kann der Frequenzumrichter eingreifen. Er kann z.B. für die Abgabe eines Warnsignals, die Regelung der Motorgeschwindigkeit nach unten oder für ein schnellstmögliches Ausschalten des Motors programmiert sein.

Beispiel:
In einer Anlage mit einem Keilriemen als Verbindung zwischen dem Motor und dem Rest der Anlage kann der Frequenzumrichter programmiert werden, um den Keilriemen indirekt zu überwachen.
Es ist zu erwarten, daß die Ausgangsfrequenz schneller als bei der „eingestellten" Rampe steigt und der Motorstrom einen Mindestwert unterschreitet, wenn der Keilriemen gerissen ist. Wenn dieser Fall eintritt, kann der Frequenzumrichter den Motor gezielt stoppen.

Die Motorüberwachung durch den Frequenzumrichter kann nach einer Berechnung der thermischen Verhältnisse des Motors oder über einen angeschlossenen Kaltleiter erfolgen. Wie ein Thermoauslöser verhindert der Frequenzumrichter eine Überlastung des Motors. Die Ausgangsfrequenz gehört zur Berechnung des Frequenzumrichters. Dadurch wird gewährleistet, daß der Motor bei niedrigen Drehzahlen nicht überlastet wird, wenn sich die Selbstventilation verringert. Moderne Frequenzumrichter können auch Motoren mit Fremdbelüftung bei zu hohem Strom schützen.

Die Geräteüberwachung erfolgt traditionell dadurch, daß der Frequenzumrichter bei einem Überstrom ausschaltet. Einige Frequenzumrichter können einen kurzen Überstrom zulassen. Der Mikroprozessor im Frequenzumrichter kann den Motorstrom und die Zeit summieren, damit der Frequenzumrichter optimal eingesetzt wird, ohne daß eine Überlastung erfolgt.

Motorbelastung und Motorerwärmung

Beim Anschluß eines Motors an einen Frequenzumrichter muß eine ausreichende Kühlung gegeben sein.
Die Temperaturverhältnisse eines Motors unterliegen zweierlei Einflüssen.

- Bei fallender Drehzahl verringert sich die Kühlluftmenge.
- Bei einem nicht sinusförmigen Motorstrom entsteht Wärme im Motor.

Bei niedrigen Drehzahlen kann der Ventilator des Motors nicht ausreichend Kühlluft zuführen. Dieses Problem entsteht, wenn das Belastungsmoment im ganzen Regelbereich konstant ist. Die geringere Ventilation ist entscheidend dafür, wie groß das zulässige Moment bei kontinuierlicher Belastung ist. Wenn der Motor kontinuierlich mit einer Drehzahl bei 100% Nennmoment läuft, die weniger als die Hälfte der Nenndrehzahl beträgt, muß dem Motor zusätzliche Kühlluft zugeführt werden (die grauen Flächen der Abb. 3.28).

Anstelle der zusätzlichen Kühlung kann der Belastungsgrad des Motors herabgesetzt werden. Dies erfolgt durch die Wahl eines größeren Motors. In der Konstruktion des Frequenzumrichters (für konstantes Drehmoment) gibt es jedoch Grenzen dafür, wie groß der anzuschließende Motor sein darf.

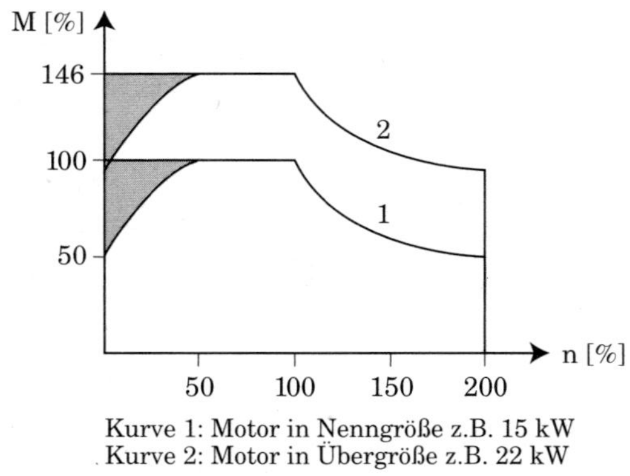

Abb. 3.28 Der Bedarf an Fremdventilation bei einem Motor in Nenngröße und in Übergröße

Wenn der Motorstrom nicht sinusförmig ist, werden dem Motor harmonische Ströme zugeführt, die zusätzliche Wärme im Motor verursachen. Die Größe der harmonischen Ströme bestimmt diese Wärmemenge. Ein Motor darf bei nicht sinusförmigem Strom nicht ständig mit 100% belastet werden.

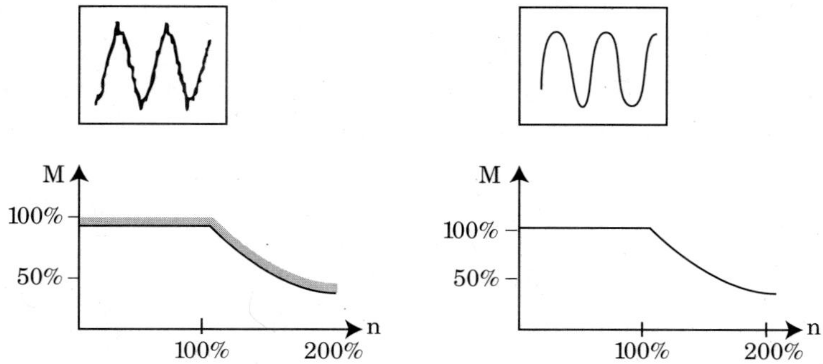

Abb. 3.29 Ein nicht sinusförmiger Strom verursacht zusätzliche Wärme im Motor

Wirkungsgrade

Der Wirkungsgrad η eines Geräts wird als Verhältnis zwischen der abgegebenen Leistung P_2 und der aufgenommenen Leistung P_1 definiert.

$$\eta = \frac{P_2}{P_1}$$

Der Unterschied zwischen P_1 und P_2 wird als Verlustleistung P_V definiert, die im Gerät als Wärme abgesetzt wird.

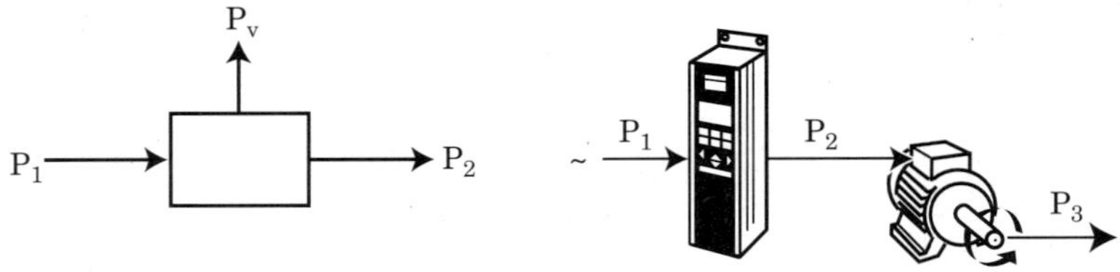

Abb. 3.30 Leistungen und Wirkungsgrade

Der Wirkungsgrad kann für den Frequenzumrichter allein, für den Motor allein oder für den Frequenzumrichter mit Motor (Systemwirkungsgrad) berechnet werden.

Wirkungsgrad des Frequenzumrichters $\frac{P_2}{P_1}$

Wirkungsgrad des Motors $\frac{P_3}{P_2}$

Systemwirkungsgrad $\frac{P_3}{P_1}$

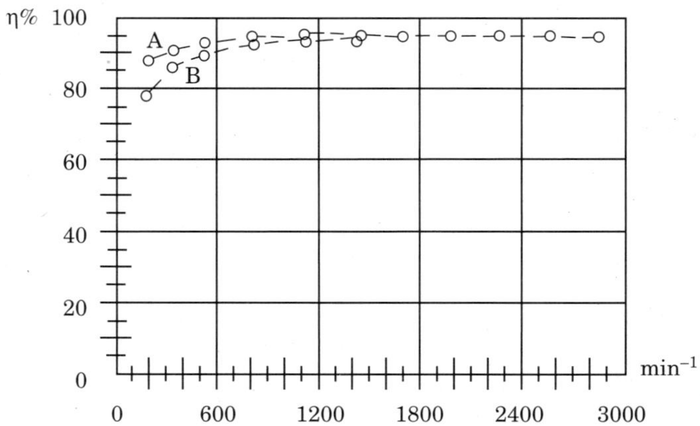

Abb. 3.31a Wirkungsgrad für Frequenzumrichter bei 100% (A) und 25% (B) Belastung

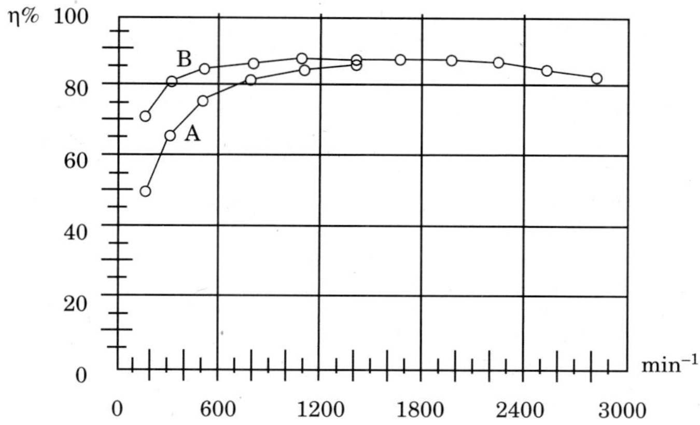

Abb. 3.31b *Wirkungsgrad für einen typischen Motor (2-polig) bei 100% (A) und 25% (B) Belastung*

Die Kurven zeigen, daß der Wirkungsgrad des Motors einen großen Einfluß auf den Systemwirkungsgrad hat. Der Wirkungsgrad des Frequenzumrichters ist im ganzen Regelbereich hoch, sowohl bei hohen als auch bei niedrigen Belastungsgraden.

Es ist auch ersichtlich, daß die Wirkungsgrade am niedrigsten bei niedrigen Drehzahlen sind. Das bedeutet aber nicht, daß die absoluten Verluste bei niedrigen Drehzahlen am höchsten sind.

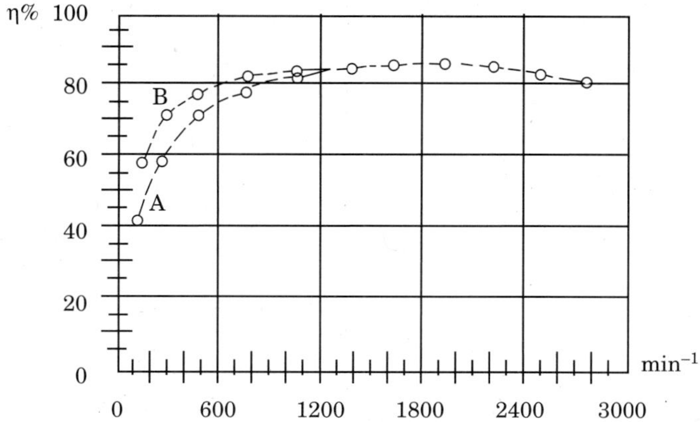

Abb. 3.31c *Wirkungsgrad für einen Frequenzumrichter und Motor (2-polig) bei 100% (A) und 25% (B) Belastung*

Beispiele aus Abb. 3.31c:

1. $n = 800 \text{ min}^{-1}$
   $P_3 = 9628$ W
   $\eta = 77{,}3\%$

   $$P_1 = \frac{P_3}{\eta} = 12455{,}4 \text{ W}$$

   $$P_T = P_1 - P_3 = 2827{,}4 \text{ W}$$

2. $n = 500 \text{ min}^{-1}$
   $P_3 = 1500$ W
   $\eta = 70\%$

   $$P_1 = \frac{P_3}{\eta} = 2143 \text{ W}$$

   $$P_T = P_1 - P_3 = 643 \text{ W}$$

Die hohen Wirkungsgrade des Frequenzumrichters haben mehrere Vorteile:

- Je höher die Wirkungsgrade, desto weniger Verlustwärme muß aus der Installation entfernt werden. Dies ist wichtig, wenn der Frequenzumrichter in eine Steuertafel einzubauen ist.

- Je weniger Verlustwärme sich in den Halbleitern und Spulen des Frequenzumrichters absetzt, desto länger ist die Lebensdauer.

- Geringer Energieverbrauch

4. Schutz und Sicherheit

Bedingt durch anlagenspezifische Vorschriften kann es notwendig sein, einen Notschalter in der Nähe des Motors anzubringen. Dabei ist es wichtig, daß dieser Schalter im Motorkabel angeordnet werden kann, ohne daß der Motor oder der Frequenzumrichter geschädigt wird – und dies möglichst unabhängig von der Schalthäufigkeit.

Eine galvanische Trennung ist zwischen dem Steuerteil und dem Leistungsteil des Frequenzumrichters vorzusehen. Anderenfalls hätten die Steuerleitungen die gleiche Spannung im Verhältnis zur Erde wie das Versorgungnetz. Berührungen mit den Steuerleitungen wären lebensgefährlich und auch die Ausrüstung könnte beschädigt werden. Die europäische Norm EN 50178 beschreibt die Richtlinien für die galvanische Isolierung. Die Schutzart des Frequenzumrichters bietet Sicherheit gegen Berührungsschäden. Eine bessere Schutzart als IP 21 verhindert Personenschäden durch Berührung. Ebenfalls für die Berührungssicherheit dient die Unfallverhütungsvorschrift VBG 4, die in Deutschland bei Elektrogeräten eingehalten werden muß. Durch Überhitzung könnten Frequenzumrichter eine Brandgefahr darstellen. Sie sollten daher mit einem eingebauten Thermofühler versehen sein, der bei Versagen der Kühlanordnung die Spannungszuführung unterbricht.

Ein an einen Frequenzumrichter angeschlossener Motor kann, unter bestimmten Bedingungen, wieder ohne Voranmeldung starten. Dies kann beispielsweise geschehen, wenn im Frequenzumrichter Zeitglieder aktiviert oder Temperaturgrenzen überwacht werden.

Zusätzlicher Schutz

Durch einen zusätzlichen Schutz werden gefährliche Berührungsspannungen an den äußeren Gehäuseteilen vermieden. Für Frequenzumrichter ist immer ein zusätzlicher Schutz vorzusehen. Die Schutzform ist in jedem Fall getrennt zu beurteilen und immer von örtlichen Verhältnissen und Bestimmungen abhängig. Die verschiedenen Schutzformen sind Nullung, Erdung oder Schutzrelais.

Nullung (TN-System)

Ein zusätzlicher Schutz des Frequenzumrichters kann durch einen Schutzleiter zwischen der Erdungsklemme und dem Nullleiter, in der Versorgungsleitung der Installation erfolgen. Diese Form des zusätzlichen Schutzes erfolgt häufig in Industrienetzen und Wohnungsinstallationen, die mit Erdkabel versorgt werden. Ist keine Nullung in der Installation vorhanden, ist es von den Anschlußbedingungen des Gerätes abhängig, ob es in diesem Netz eingesetzt werden kann. Unter Umständen muß hier mit dem Lieferanten gesprochen werden, ob ein Einsatz in dieser Netzform möglich ist.

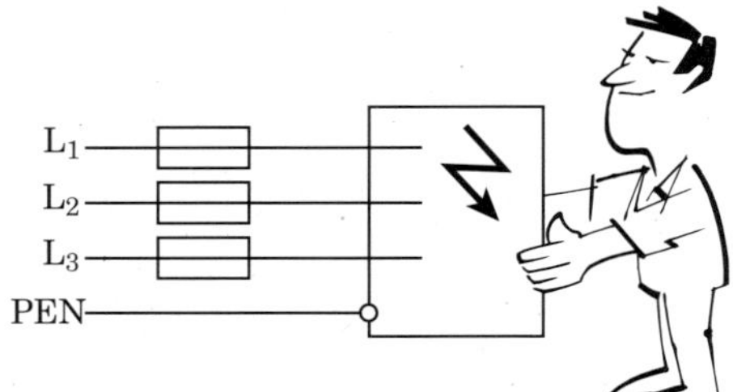

Abb. 4.01 Nullung (TN-System)

Erdung (TT-System)

Ein zusätzlicher Schutz des Frequenzumrichters kann durch einen Schutzleiter zwischen der Erdungsklemme und der Potentialausgleichsschiene erreicht werden. Voraussetzung für diese Methode ist eine ausreichend niedrige Impedanz des Potentialausgleichspunktes. Der Frequenzumrichter hat, bedingt durch Entstörmaßnahmen, einen Leckstrom, die Erdverbindung muß daher möglichst niederohmig ausgeführt werden. EN 50178/5.3.2.1 stellt folgende Forderungen:

Bei einem Leckstrom > 3,5 mA muß der Querschnitt des Schutzleiters mindesten 10 mm^2 sein, oder das Gerät ist mit zwei getrennten Schutzleitern zu erden, die die Vorschriften nach IEC 364-5-543 erfüllen müssen. Dies wird häufig auch als verstärkte Erdung bezeichnet.

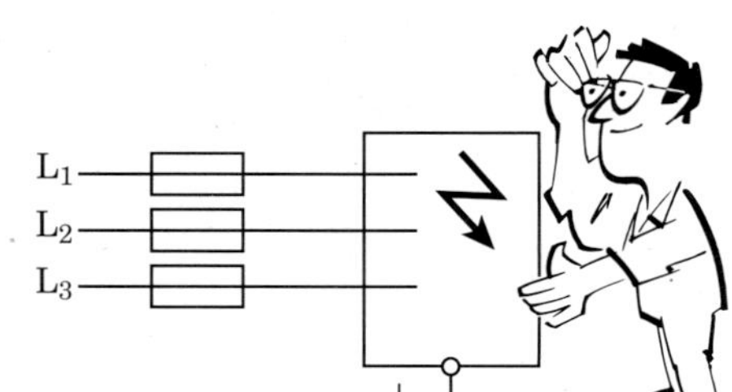

Abb. 4.02 Nullung (TT-System)

Schutzrelais

Es gibt zwei Typen Schutzrelais für den zusätzlichen Schutz. Der eine Typ arbeitet mit einem Fehlerspannungsrelais, der andere mit einem Fehlerstromrelais.

Ein zusätzlicher Schutz mit Fehlerspannungsrelais (FU-Relais) kann in den meisten Installationen erfolgen. Der Schutz wird dadurch erreicht, daß die Spule des Relais über einen Schutzleiter zwischen der Erdungsklemme des Frequenzumrichters und dem Erdpotential angeschlossen wird. Eine Fehlerspannung löst das Relais aus und macht den Frequenzumrichter spannungslos.

FU-Relais werden mit Vorteil dort eingesetzt, wo eine Nullung nicht erlaubt ist oder wo der Untergrund eine Erdung nicht zuläßt. Es ist von den Vorschriften der regionalen Elektrizitätsversorgungsunternehmen abhängig, ob der Einsatz zulässig ist. In Deutschland wird diese Schutzmaßnahme heute nicht mehr eingesetzt.

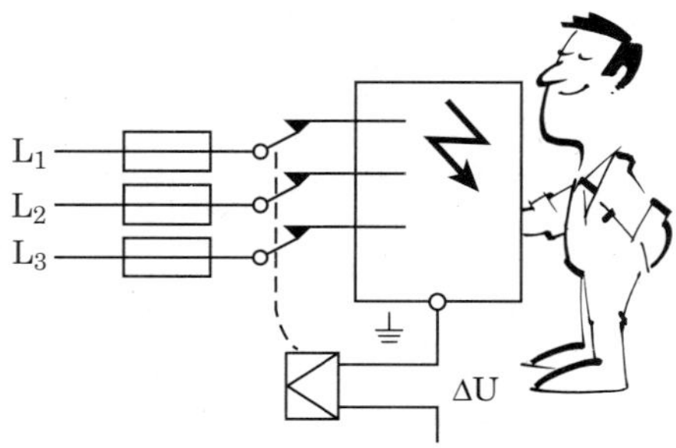

Abb. 4.03 Fehlerspannungsrelais

Ein Schutz von Frequenzumrichtern mit Fehlerstromrelais (FI-Schalter) ist unter bestimmten Bedingungen zulässig. Fehlerstromschutzschalter beinhalten einen Summenstromtransformator. Durch diesen werden alle Versorgungsleiter des Frequenzumrichters geführt. Der Summenstromtransformator mißt die Summe der Ströme durch diese Leiter. Die Summe der Ströme ist Null, wenn keine Ableitung in der Installation erfolgt. Bei einer Ableitung ist der Strom unterschiedlich von Null und in der Sekundärwicklung des Transformators wird ein Strom induziert. Dieser Strom schaltet das Relais aus und macht den Frequenzumrichter spannungslos. In den herkömmlichen FI-Schaltern wurde das Induktionsprinzip verwendet, das ausschließlich mit Wechselspannungsgrößen arbeitet. Nach

EN 50178 können Frequenzumrichter mit B6-Eingangsbrückengleichrichtern, im Fehlerfall glatten Gleichstrom in der Zuleitung fließen lassen. Es wird empfohlen, zu überprüfen, ob ein Gleichstrom am Eingang des Frequenzumrichters liegen kann. Um eine einwandfreie Schutzfunktion zu erhalten, muß in diesem Fall ein allstromsensitiver NFI-Schutzschalter eingesetzt werden. Dieser kann durch eine zusätzlich eingebaute Elektronik den Fehlerstrom frequenzunabhängig auch als Gleichstrom überwachen. Die Verträglichkeit mit Fehlerstromschutzeinrichtungen ist in EN 50178 aufgeführt.

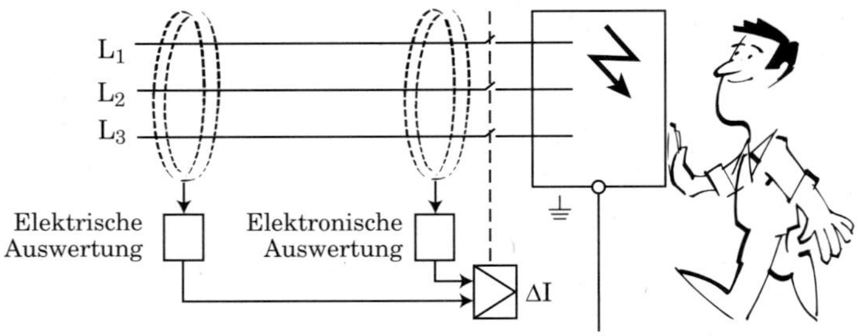

Abb. 4.04 Allstromsensitives Fehlerstromrelais

Werden Fehlerstromschutzschalter eingesetzt, die nicht gleichfehlerstromverträglich sind, läßt sich durch den Einsatz eines Trenntransformators vor den Frequenzumrichter dieser Fehlerstrom verhindern.

	Wechselfehlerströme
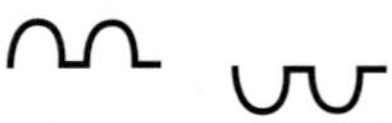	Pulsierende Gleichfehlerströme (pos. und neg. Halbwellen) Halbwellenstrom
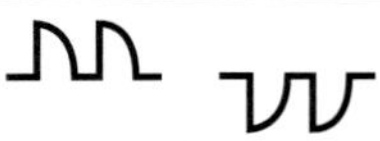	Angeschnittene Halbwellenströme Anschnittwinkel 90° el / 135° el
	Halbwellenstrom bei Überlagerung mit glattem Gleichfehlerstrom von 6 mA
	Glatter Gleichfehlerstrom

Abb. 4.05 Kurvenverlauf und Kennzeichnung von Fehlerströmen

Ableitstrom wird in gewissem Maß von Funkentstörfiltern und Funkentstörkomponenten hervorgerufen. Einzelne Funkentstörfilter produzieren üblicherweise einen Ableitstrom, der nur wenige mA beträgt und nicht zur Auslösung führt. Werden jedoch mehrere oder sehr große Filter eingesetzt, kann hierdurch die Fehlerstromabschaltgrenze eines FI-Schutzschalters erreicht werden.

Elektromagnetische Verträglichkeit

Elektromagnetische Störungen sind unerwünschte, elektrische Phänomene, die von einem Gerät ausgehen oder ein Gerät unerwünscht beeinflussen.

Elektromagnetische Phänomene können durch die natürliche Umgebung in der Natur entstehen bzw. künstlich vom Menschen geschaffen werden.

Zu den in der Natur vorkommenden elektromagnetischen Erscheinungen gehören die atmosphärischen Störungen, wie sie bei Gewittern entstehen. Eine weitere Erscheinung ist das Magnetfeld, das die gesamte Erde umgibt und uns vor den energiereichen Einstrahlungen aus dem Weltall schützt. Atmosphärische Störungen lassen sich nicht vermeiden. Der Einfluß auf elektrische Geräte und Anlagen läßt sich nur durch verschiedene Vorkehrungen begrenzen.

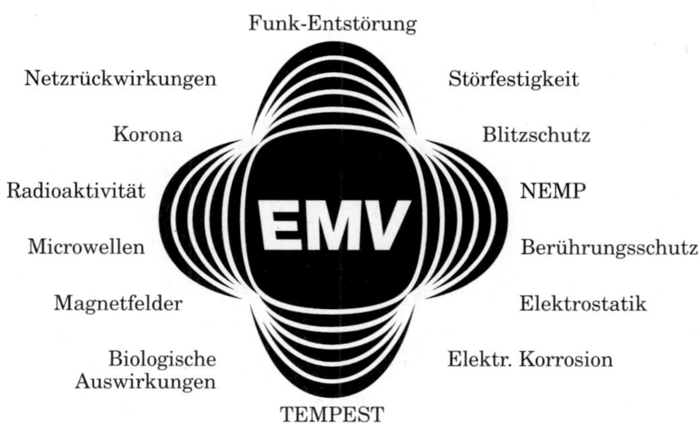

Abb. 4.06 Elektromagnetische Phänomene

Als künstliche, elektromagnetische Phänomene gelten alle vom Menschen geschaffene Störungen. Diese entstehen überall dort, wo mit elektrischer Energie gearbeitet wird. Die Störungen können sich über die Luft oder über elektrische Leitungsnetze ausbreiten. Störungen von Lichtschaltern oder Zündanlagen können im Radio oder Fernsehen bemerkt werden. Bei kurzer

Spannungsunterbrechung bleiben Uhren stehen oder PC's arbeiten nicht mehr einwandfrei. Durch Elektrostatik kann es zu Fehlern in elektronischen Schaltungen und sogar zu Brandgefahr kommen. Es gibt eine ganze Reihe von gegenseitiger Beeinflussung auch auf biologische Systeme, wie Menschen, Pflanzen und Tiere.

Die internationale Bezeichnung für Funkstörung ist EMC. Die englische Abkürzung steht für »Electromagnetic Compatibilty«. Dies bezeichnet die Fähigkeit eines Gerätes elektrischen Störungen zu widerstehen und gleichzeitig nicht selbst das Umfeld durch die Ausstrahlung von Störungen zu belasten. Im deutschsprachigen Raum hat sich die Abkürzung EMV durchgesetzt für »Elektromagnetische Verträglichkeit«.

Für den europäischen Raum wurde die EMV-Richtlinie am 03. Mai 1989 vom Rat der EG erlassen. Diese europäische Richtlinie mußte in nationales Recht umgesetzt werden. In Deutschland geschah dies durch das EMV Gesetz, das am 12.11.1992 in Kraft trat. Während der Übergangszeit bis zum 01.01.1996, konnte zwischen den bisherigen VDE-Vorschriften und den neuen EN-Normen gewählt werden. Im Bereich der neuen EMV-Normen wird in 3 Gruppen eingeteilt:

Grundnorm (Basic Standard)

Diese Normen sind phänomen orientiert. Sie beschreiben den Aufbau der erforderlichen Testmittel und Meßverfahren.

Fachgrundnorm (Generic Standard)

Diese Normen sind umgebungsorientiert. Sie unterscheiden zwischen Wohnbereichen, Bürobereichen, Leichtindustrie sowie Industrie und speziellen Bereichen.

Produktnorm (Product Standard)

Bei diesen Normen werden auf die besonderen Forderungen bestimmter Produktfamilien bezüglich der Meßverfahren und der Bewertung eingegangen. Es werden exakte Prüfpegel und Grenzwerte vorgeschrieben. Diese Normen haben Vorrang vor den Fachgrundnormen und sind diesen übergeordnet.

Entspricht ein elektrisches oder elektronisches Gerät den europäischen Gesetzen, so muß dies ab einem festgelegten Zeitpunkt gegenüber den Behörden dargelegt und sichtbar gemacht werden. Dies geschieht durch die EG Konformitätserklärung und durch die CE-Kennzeichnung. Die EG Konformitätserklärung wird für eine Gerätereihe als Bescheinigungsdokument erstellt, die CE-Kennzeichnung wird an dem Gerät, der Verpackung und in der Betriebsanleitung angebracht. Das CE-Kennzeichen ist als Verwaltungskennzeichen anzusehen, das sich an die zuständigen europäischen Behörden wendet und gesetzestreues Verhalten bescheinigt.
Produkte, die nach der EMV-Richtlinie CE-kennzeichnungspflichtig sind, müssen diese Kennzeichnung ab 1996 tragen.

Abb. 4.07 EG-Konformitätszeichen

Arbeitet ein elektrisches Gerät in einem Spannungsbereich zwischen 50 und 1000 V Wechselspannung, oder zwischen 75 und 1500 Gleichspannung, so ist ebenfalls die Niederspannungsrichtlinie zu beachten. Diese geht hervor aus der länger schon bestehenden ersten Verordnung des Gerätesicherheitsgesetzes. Diese Richtlinie, die ab 1997 eingehalten werden muß, bezieht sich auf die Gefahren, die von einem elektrischen Betriebsmittel für Menschen, Nutztiere oder Sachen ausgehen können.

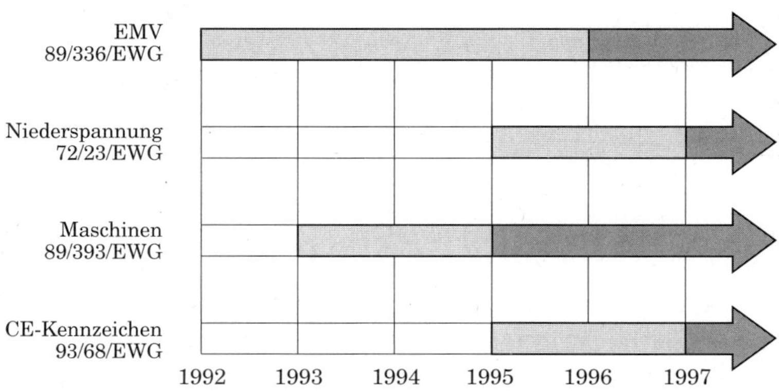

Abb. 4.08 Übergangsfristen zur CE-Kennzeichnung

Verbreitungswege

Als Emission (Störaussendung) wird die von einem Gerät (Störquelle) ausgehende elektromagnetische Energie (Störgröße) bezeichnet.
Als Immunität (Störfestigkeit) ist die Widerstandsfähigkeit eines Gerätes (Störsenke) gegen die elektromagnetischen Störungen anzusehen. Die Störaussendung eines Frequenzumrichters sind Netzrückwirkungen, die im niederfrequenten Bereich angesiedelt sind. Sie werde über das Leitungsnetz als leitungsgebundene Störungen verbreitet. Weiterhin werden Störungen als hochfrequente Luftstrahlung (10kHz bis GHz) als strahlungsgebundene Störabstrahlung durch die Luft verbreitet.

Kopplung

Eine Kopplung von elektrischen Kreisen kann auf galvanischem, kapazitiven oder induktivem Wege geschehen. Die galvanische Kopplung erfolgt, wenn zwei elektrische Kreise eine gemeinsame elektrisch leitende Verbindung haben.

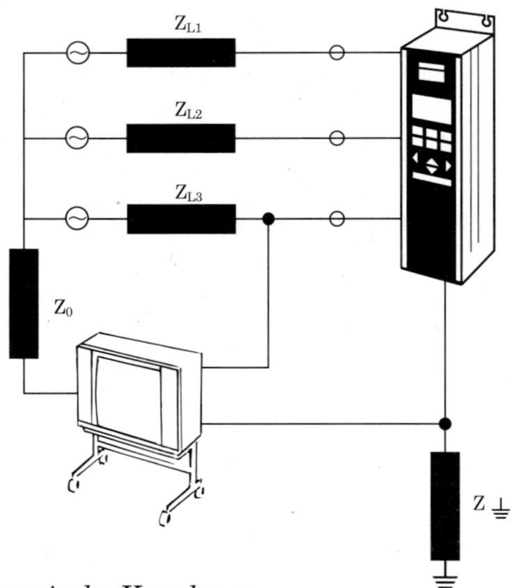

Abb. 4.09 Galvanische Kopplung

Frequenzumrichter und andere in diesem Netz betriebene elektrische Geräte sind leitend miteinander verbunden und haben den gleich Erdungsbezugspunkt. Abhängig von den Impedanzverhältnissen entsteht durch die Kopplung eine Störspannung an einem Gerät über die beiden gemeinsamen Impedanzen Z_{L3} und Z_0.

Die kapazitive Kopplung erfolgt, wenn zwei elektrische Kreise die Erdung als gemeinsamen Bezugspunkt haben. Ein typisches Beispiel ist das zu nahe an anderen Leitungen verlegte Motorkabel. Der dabei entstehende kapazitive Störstrom ist von der Frequenz in dem Motorkabel, der dazugehörigen Spannungshöhe und dem Abstand zu anderen Kabeln abhängig. Die relativ hohe Taktfrequenz heutiger Frequenzumrichter, mit der die Ausgangsspannung gebildet wird, ergibt einen niedrigen kapazitiven Widerstand im Motorkabel und verursacht damit kapazitive Störströme.

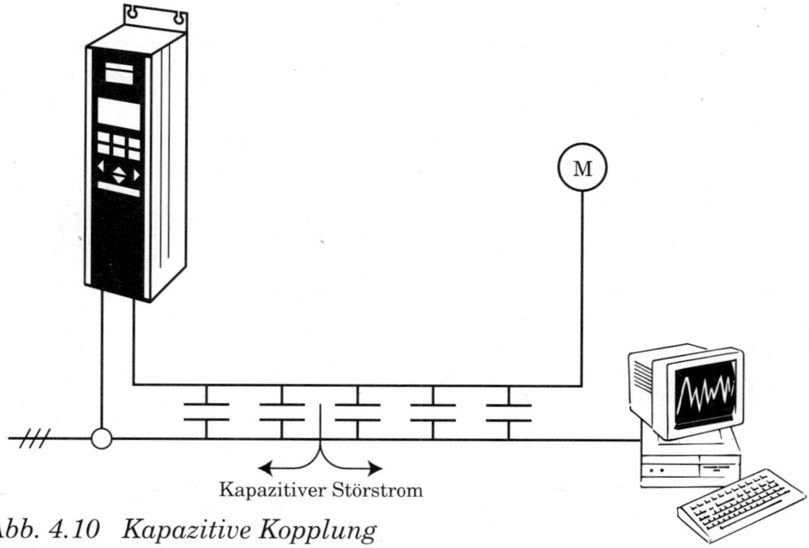

Abb. 4.10 Kapazitive Kopplung

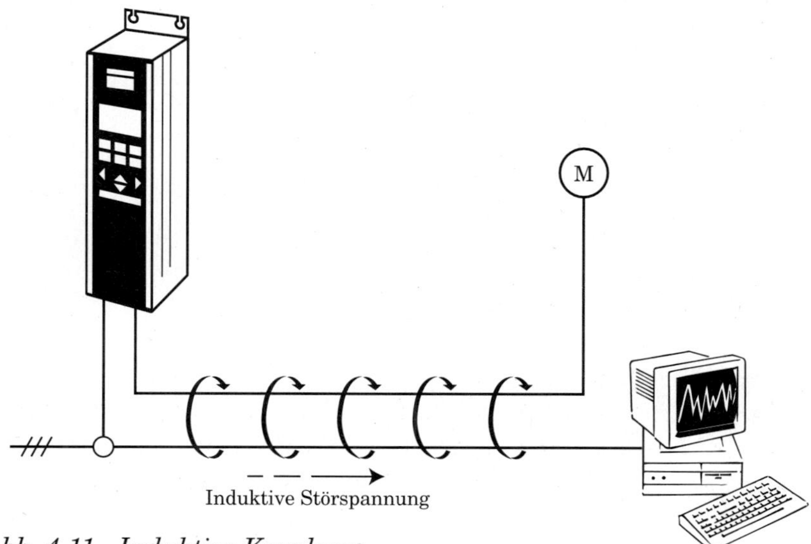

Abb. 4.11 Induktive Kopplung

Die induktive Kopplung entsteht, wenn das Magnetfeld um einen stromführenden Leiter in einem anderen Leiter eine Spannung induziert. Die dabei induzierte Wechselspannung ist von der Stärke des Magnetfeldes, also von der Stromstärke in der Motorleitung, der Frequenz und dem Abstand zwischen den Leitungen abhängig.

Leitungsgebundene Ausbreitung

Störaussendungen können sich über die Leitungen des Versorgungsnetzes verbreiten. Dabei werden der 50 Hz Sinuskurve der Versorgungsspannung höhere Frequenzen überlagert. Es entsteht eine Verzerrung der reinen Sinuskurvenform.

Netzrückwirkungen

Netzrückwirkungen elektrischer Verbraucher verursachen eine Verzerrung der Kurvenform der Versorgungsspannung. Diese Verzerrung wird durch höherfrequente Anteile in der Spannung hervorgerufen. Erzeugt werden diese durch Eingangsschaltungen mit Gleichrichtern und Halbleiterbauelementen, die heute in vielen Geräten verwendet werden, so auch in Frequenzumrichtern. In anderen Geräten, die am gleichen Versorgungsnetz angeschlossen sind, verursachen die Netzrückwirkungen eine zusätzliche Belastung. Diese wirken sich als höhere Stromaufnahme oder akustisches Brummen der Geräte aus.

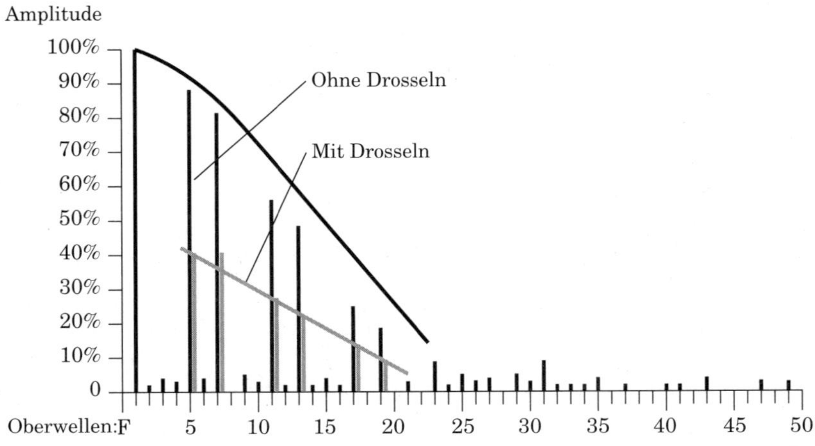

Abb. 4.12 Reduzierung der Netzrückwirkungen bei VLT 5000

Der Gleichrichter eines Frequenzumrichters produziert eine pulsierende Gleichspannung. Der Kondensator des nachgeschalteten Gleichspannungszwischenkreises wird bei jeder Spannungsspitze aufgeladen. Während dieser Ladevorgänge entstehen eingangsseitige Ströme mit relativ hohen Amplituden. Durch diese impulsförmige, nicht sinusförmige Belastung wird die Sinusform der Versorgungsspannung verzerrt. Wie stark die Spannung verzerrt wird, ist von dem Belastungsstrom und der Impedanz des Netzes abhängig. Wie groß die maximal zulässige Verzerrung sein darf, ist in EN 61000-2-2 für öffentliche Niederspannungsnetze und in EN 61000-2-4 für Industrieanlagen festgelegt. Die Netzrückwirkung besteht aus den höherfrequenten Anteilen als sogenannte Oberschwingung der Grundfrequenz der Versorgungsspannung. Der Gesamtoberschwingungsgehalt wird auch als »Total Harmonic Distortion« (THD) bezeichnet.

$$\text{THD}\,[\%] = \frac{\sqrt{(U_3)^2 + (U_5)^2 + \ldots + (U_N)^2}}{U_1}$$

Die maximal zulässige Größe der einzelnen Oberschwingungen in der Netzspannung ist in EN 61000-2-2 Tabelle 1 festgelegt. Die Netzrückwirkungen lassen sich durch eine Begrenzung der Amplituden der Pulsströme verringern. In der Praxis werden dazu Drosseln in den Zwischenkreis oder in den Eingang des Frequenzumrichters eingefügt. Häufig werden Frequenzumrichter ohne diese Drosseln geliefert. Diese können dann getrennt bezogen und montiert werden. Welche Vorbelastungen der Netzspannung ein Frequenzumrichter verkraften können sollte, ist in der Norm EN 60146-1-1 (allgemeine Anforderungen für Halbleiterstromrichter) festgelegt.

Transienten/Überspannung

In den Versorgungsnetzen, sowohl in der Industrie, wie auch im Privatbereich können Transienten auftreten. Dies sind kurzzeitige Überspannungsspitzen im Bereich von einigen 1000 V.

Diese Transienten oder Überspannungsspitzen können dadurch entstehen, daß große Belastungen im Versorgungsnetz ein- und ausgeschaltet werden, oder Blindstromkompensierungsanlagen schalten. Blitzeinschläge direkt in die Versorgungsleitungen verursachen eine hohe Überspannungsspitze. Diese kann noch Schäden in Anlagen in 20 km Entfernung vom Einschlagort verursachen. In Freiluftanlagen kann ein Überspringen der Isolatoren zu anderen Leitungen hin erfolgen. Kurzschlüsse und Sicherungsauslösungen in Versorgungsnetzen verursachen ebenfalls Transienten. Durch magnetisch induktive Kopplung können in parallel liegenden Kabeln ebenfalls hohe Spannungsspitzen entstehen.

Welche Formen diese Transienten haben und welche Energie damit in ihnen enthalten ist, ist in VDE 0160 bzw. EN 61000-4-1 dargestellt.

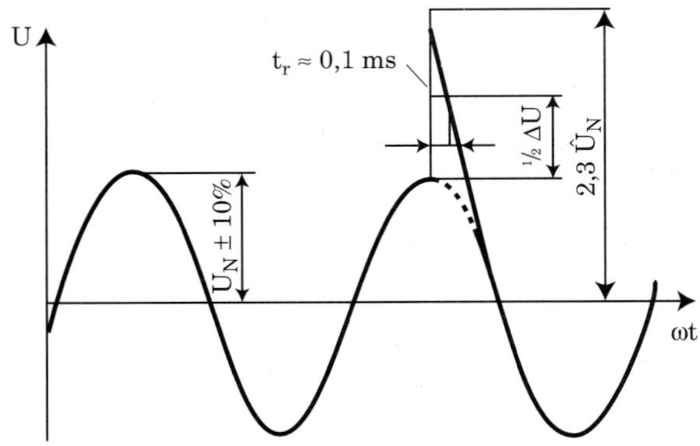

Abb. 4.13 Netztransienten nach EN 61000-4-1

Die schädigenden Wirkungen von Transienten und Überspannungen lassen sich mit verschiedenen Methoden begrenzen. Für energiereiche Transienten und Überspannungen können Gasableiter oder Funkenstrecken eingesetzt werden. In elektronischen Geräten werden häufig zur Bedämpfung der Überspannung spannungsabhängige Widerstände (Varistoren) eingesetzt. Im Signalbereich kann der Schutz durch Zenerdiode stattfinden.

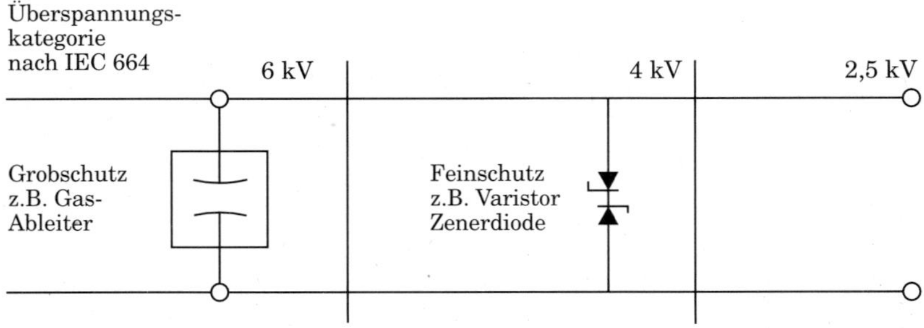

Abb. 4.14 Transientenschutz

Radiofrequente Störungen

Jeder Strom und jede Spannung die von der reinen Sinusform abweicht, beinhaltet Komponenten mit höheren Frequenzen. Die Höhe dieser Frequenzen ist von der Steigung des Verlaufs abhängig.

Wenn sich ein Kontakt schließt oder öffnet, wird die Stromänderung sehr schnell stattfinden. Es ergibt sich eine sehr steile Stromänderung, die auch in der Spannung ihr Abbild findet. Im Radio kann dieses als Knackstörung hörbar werden. Dabei wird ein einzelner Geräuschimpuls meist nicht als störend empfunden. Da die Halbleiter des Frequenzumrichter jedoch als Kontaktelemente im kHz-Bereich mit steilen Schaltflanken geschaltet werden, entstehen dabei permanent radiofrequente Störungen, die ausgesendet werden.

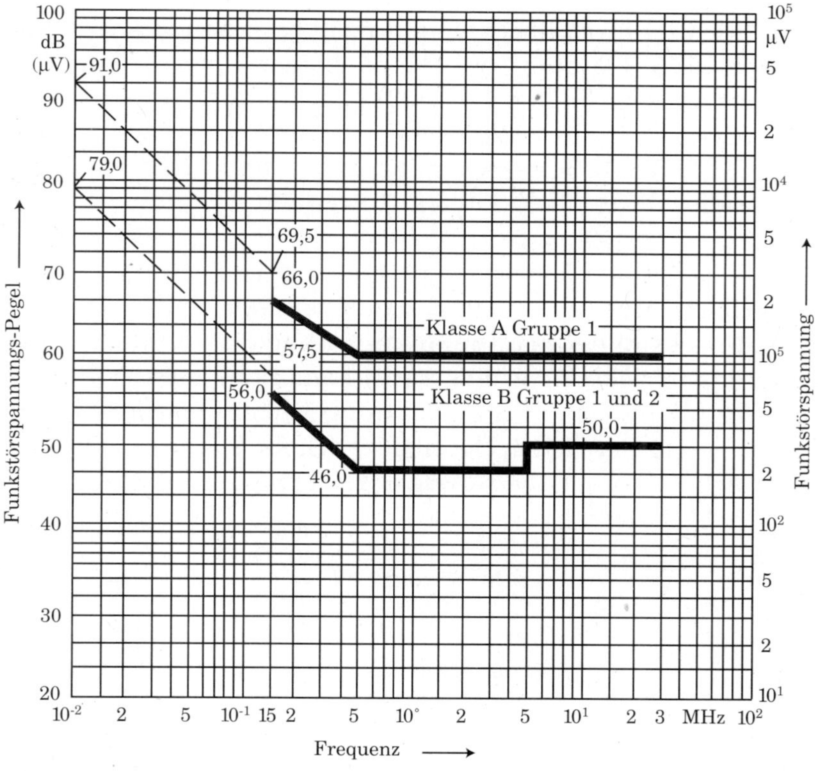

Abb. 4.15 Funkstörgrenzwerte nach EN 55011

Radiostörungen (RFI: Radio Frequency Interference) werden als elektrische Schwingungen mit Frequenzen zwischen 10 kHz und dem GHz Bereich definiert. Wie stark diese Störungen auftreten, ist von verschiedenen Faktoren abhängig:

- den Impedanzverhältnissen im Versorgungsnetz
- der Schaltfrequenz des Wechselrichters
- dem mechanischen Aufbau des Frequenzumrichters
- der Frequenz der Ausgangsspannung zum Motor
- den eingesetzten Entstörmaßnahmen

Radiostörungen werden leitungs- oder strahlungsgebunden verbreitet. Weltweit und in Europa gibt es Gesetze dafür, wieviel Radiostörungen ein Gerät aussenden darf. Für die Bundesrepublik Deutschland war dies in der Vergangenheit die deutsche VDE-Norm. Heutzutage ist in der EG die europäische Norm EN verbindlich. Weltweit gilt die IEC-Norm.

Grenzwerte und Meßverfahren für Funkstörungen von industriellen, wissenschaftlichen und medizinischen Hochfrequenzgeräten (ISM-Geräten), zu denen bisher auch Frequenzumrichter zählten, sind in EN 55011 zu finden. Grenzwerte der Störaussendung für elektrische Geräte im Haushaltsbereich sind in EN 55014 festgelegt. Zukünftig wird für Frequenzumrichter die Norm EN 61800-3 anzuwenden sein.

Leitungsgebundene, hochfrequente Störaussendungen lassen sich effektiv nur mit einem Filter vermindern. Diese Funkentstörfilter bestehen aus Spulen und Kondensatoren. Nicht alle Frequenzumrichter werden mit einem Funkentstörfilter ausgeliefert. Es müssen Filter dann zusätzlich montiert werden, die für den industriellen Bereich die Klasse A und für den haustechnischen Bereich die Klasse B gewährleisten müssen.

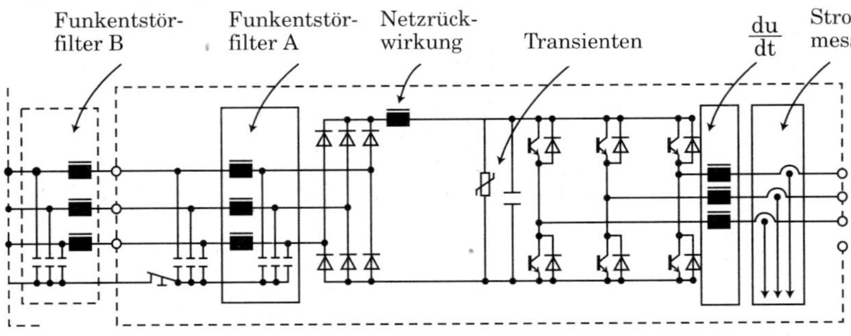

Abb. 4.16 Frequenzumrichter und Funkentstörmaßnahmen

In dem Kabel von dem Frequenzumrichter zu dem angeschlossenen Motor lassen sich Funkstörungen mit Filtern oder geschirmten Kabeln begrenzen. Hohe Schaltfrequenzen des Wechselrichters bedeuten dabei:

- daß die Kondensatoren große Ströme aufnehmen müssen
- daß die Spulen des Filters groß ausgelegt werden müssen

Geschirmte Kabel

Um die Funkstörabstrahlung zu begrenzen, werden häufig geschirmte Kabel eingesetzt. Die Wirkung des Schirmes wird in Dezibel (dB) als Schirmdämpfung angegeben. Ebenfalls wird hier auch von Kopplungsimpedanz gesprochen. Die Schirmdämpfung sollte möglichst hoch sein, (sie liegt üblicherweise in einem Bereich von 30 dB), die Kopplungsimpedanz dagegen möglichst niedrig. Eine normale Leitung kann nicht die Schirmung ersetzen, da die Oberfläche, auf der hochfrequente Störstahlungen abfließen sollen, bedingt durch den Skin-Effekt, zu klein ist.

Damit die Schirmung gegen hochfrequente Störstrahlung möglichst gut wirkt, ist sie möglichst häufig zu erden. Praktisch geschieht dies an beiden Enden der Leitung. Wichtig ist dabei, der gute Kontakt zwischen Schirmung und Erdpotential. Eine schlechte Verbindung reduziert die Schirmwirkung und damit die Bedämpfung der Störabstrahlung. Zu berücksichtigen ist, daß bei mehrfacher Erdung ein Ausgleichsstrom über das Erdpotential fließen wird. Für Signalkabel gilt daher, daß diese einseitig geerdet werden. Da diese Signalleitungen mit sehr niedrigen Signalgrößen arbeiten, würden Einkopplungen auf den Schirm störend wirken.

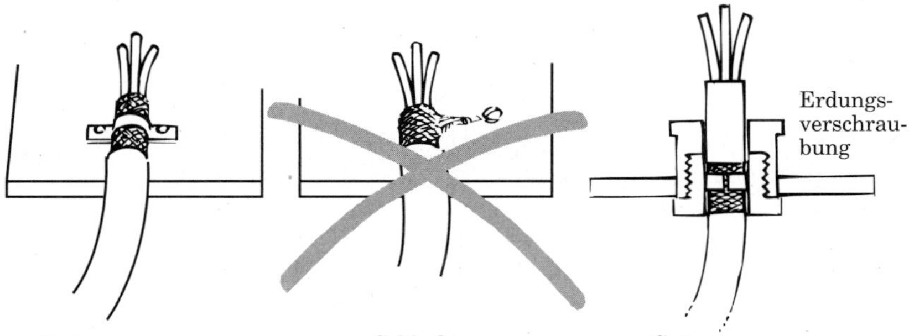

Abb. 4.17 EMV-gerechte Installation des Schirmes

Beim Kauf und der Montage eines Frequenzumrichters ist darauf zu achten, wie und in welchem Maß die Funkstörabstrahlung begrenzt werden muß. In den technischen Unterlagen muß angegeben werden, welche Funkstörklasse der Frequenzumrichter einhalten kann. Nicht immer ist ersichtlich, ob Filter eingebaut sind oder ob diese getrennt zu kaufen und zu montieren sind.

Geschirmte Motor- und Steuerkabel sind häufig notwendig und werden empfohlen, um einen bestimmte Funkentstörgrad einzuhalten.

Blindstromkompensationanlage

Blindstromkompensationanlagen werden in Netzen eingesetzt, wenn der Phasenverschiebungswinkel zwischen Spannung und Strom (cos φ) korrigiert werden soll. Dies ist dann der Fall, wenn viele induktive Verbraucher, wie Motore oder Vorschaltgeräte für Lampen in einem Netz betrieben werden. Ein Frequenzumrichter erzeugt keine Phasenverschiebung, sein cos φ ist etwa 1. Die Kondensatoren der Kompensationsanlage haben bei höheren Frequenzen einen niedrigeren Innenwiderstand. Sind in der Netzspannung höherfrequente Anteile (Oberwellen) enthalten, wird der Aufnahmestrom der Blindstromkompensationsanlage ansteigen, die Kondensatoren werden wärmer und stärker belastet. Die höheren Frequenzanteile aus dem Netz können mittels Drosseln von der Anlage abgeblockt werden. Es handelt sich dann um verdrosselte Kompensationsanlagen. Zusätzlich wird mit dieser Maßnahme verhindert, daß eine Resonanz zwischen den Induktivitäten der Verbraucher und der Kapazität der Kompensationsanlage entstehen kann. Zu beachten ist hierbei, daß eine geringe »Absaugwirkung« der höheren Frequenzen vorhanden ist, so daß bei Rundsteuer- und Tonfrequenzübertragung Sperrfilter benötigt werden.

Je nach Vorschriften der örtlichen Elektrizitätsversorgungsunternehmen (EVU's) sind verdrosselte Kompensationsanlagen einzusetzen.

Auswahl eines Frequenzumrichters für drehzahlveränderbare Antriebe

Die Auswahl eines Frequenzumrichters für drehzahlveränderliche Antriebe erfordert eine Menge Erfahrung. Wo diese Erfahrung nicht vorhanden ist, hilft es eine Referenzanlage zu besuchen (ähnlicher Anwendungsfall), oder bei Messen die notwendige Information zu sammeln. Nachfolgend sind einige Punkte genannt, die in Betracht gezogen werden sollten:

1. Angaben zur anzutreibenen Maschine

- geforderte Anlagencharakteristik
- Drehmomentverlauf, Losbrechmoment, Beschleunigungsmoment
- Drehzahlverstellbereich, Kühlung
- Leistungsaufnahme des Umrichters und Motor
- Betriebsquadranten
- Schlupfkompensation (dynamisch)
- geforderte Anlauf- bzw. Rücklauframpen.
- geforderte Bremszeiten, Einschaltdauer der Bremsen
- Direktantrieb, Getriebe, Übertragungsglieder, Massenträgheitsmoment
- Synchronisation mit anderen Antrieben
- Betriebsdauer, Steuerung
- Rechnerverbund, Schnittstellen, Visualisierung
- Bauform und Schutzart
- Möglichkeit, dezentrale Intelligenz in den Frequenzumrichter zu integrieren

2. Angaben zur Umgebung

- Aufstellungshöhe und Umgebungstemperatureinflüsse
- Kühlluftbedarf, Kühlmöglichkeiten
- klimatische Bedingungen, wie Feuchte, Wasser, Schmutz, Staub, Gase
- Sondervorschriften z.B. für Bergbau, chemische Industrie, Schiffsindustrie, Lebensmitteltechnik
- Geräusche

3. Netzverhältnisse

- Netzspannung, Spannungsschwankungen
- Netzleistungsfähigkeit
- Netzfrequenzschwankungen
- Netzrückwirkungen
- Kurzschluß- und Überspannungsschutz
- Netzausfälle

4. Wartung, Bedienung und Personal

- Ausbildung bzw. Schulung des Bedienpersonals
- Instandhaltung
- Ersatzteile/Ersatzgeräte

5. Wirtschaftliche Kriterien

- Anschaffungskosten (Komponenten)
- Platzbedarf, Einbau, Konstruktion
- Montageaufwand
- Inbetriebnahme des Systems
- Aufstellungsaufwand
- Betriebskosten
- Wirkungsgrad des Systems (Frequenzumrichter und Maschine)
- Blindleistungsbedarf und Kompensation wegen harmonischen Belastungen

6. Schutzmaßnahmen für Bedienpersonal/ Umrichter/Motor

- Galvanische Trennung nach PELV
- Phasenausfall
- Schalten am Umrichterausgang
- Erd- und Kurzschlußschutz
- Motorspulen zur Reduzierung der Spannungsanstiegszeiten
- Elektronische thermische Überwachung und Kaltleiteranschluß

7. Normen/Vorschriften

- Nationale DIN, VDE, europäische EN
- Internationale IEC, CE usw.

Aus den o.g. Punkten ist nach Möglichkeit ein Umrichter zu wählen, der als Standard den größten Teil dieser Punkte abdeckt. So ist z.B. zu überprüfen, ob

- der Umrichter eine Netz- oder Zwischenkreisdrossel hat, um Netzrückwirkungen weitgehend reduzieren zu können.
- ein RFI-Filter für Klasse A oder B standardmäßig eingebaut ist, oder dieser getrennt anzuschaffen ist,
- eine Leistungsreduzierung des Motors bei Umrichterbetrieb notwendig ist,
- der Umrichter selbst gegen Erd- und Kurzschlüsse abgesichert ist, und
- wie der Umrichter im Fehlerfall reagiert.

Anhang I: Allgemeine mechanische Theorie

Geradlinige Bewegung

Für eine geradlinige Bewegung gilt, daß ein Körper still liegt oder seine geradlinige Bewegung beibehält, bis dieser von einer Kraft beeinflußt wird.
Die Kraft »F« kann als Produkt von der Masse des Körpers und der Änderung per Zeiteinheit der Geschwindigkeit des Körpers angegeben werden. Die Geschwindigkeitsänderung per Zeiteinheit ist auch die Beschleunigung »a«.

$$F = m \times a$$

Masse:	»m«	Maßeinheit: [kg]
Beschleunigung:	»a«	Maßeinheit: $\left[\frac{m}{s^2}\right]$
Kraft:	»F«	Maßeinheit: [N]

Damit ein Körper seine konstante Bewegung behält, muß dieser ständig von einer Kraft beeinflußt werden, weil der Bewegungsrichtung entgegengesetzte Kräfte auftreten. Das sind beispielsweise Reibungskräfte und die Schwerkraft.

Rotierende Bewegung

Bei rotierender Bewegung gilt entsprechend, daß ein Körper zum Rotieren gebracht werden kann oder seine Rotationsgeschwindigkeit ändert, wenn er von einem Moment um das Massezentrum beeinflußt wird.
Wie die Kraft kann auch das Moment durch seine Wirkung angegeben werden. Es ist das Produkt vom Trägheitsmoment des Körpers und der Geschwindigkeitsänderung des Körpers per Zeiteinheit, die Winkelbeschleunigung α.

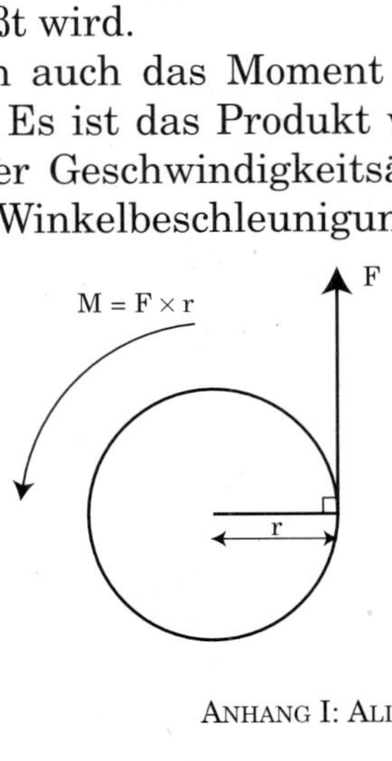

Abb. AI.01

$M = I \times \alpha$ $\qquad \omega = \frac{2 \pi n}{60}$; n gemessen in $[\text{min}^{-1}]$

Winkelgeschwindigkeit: ω Maßeinheit: $\left[\frac{\text{Winkeländerung}}{\text{s}}\right]$

Winkelbeschleunigung: $\alpha = \frac{d\omega}{dt}$; Maßeinheit $\left[\frac{\text{Winkeländerung}}{\text{s}^2}\right]$

Trägheitmoment: I; Maßeinheit: $[\text{kg m}^2]$

Das Trägheitsmoment ist wie die Masse eine Größe, die dämpfend auf die Beschleunigung wirkt. Das Trägheitsmoment ist von der Masse des Körpers und von der räumlichen Lage in bezug auf die Rotationsachse abhängig.

Massiver Zylinder :

$I = \frac{m \times r^2}{2}$

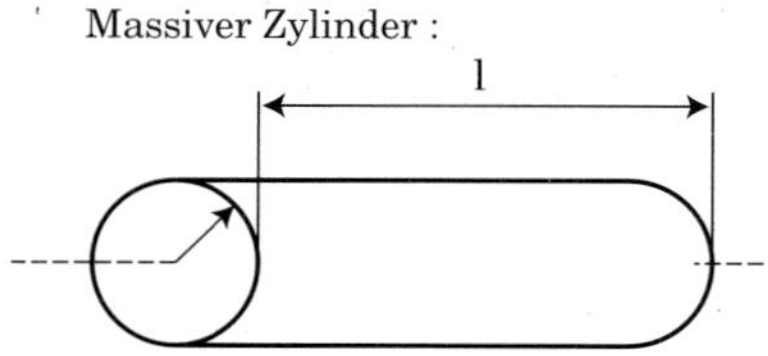

$I = \frac{m \times r^2}{4} + \frac{m \times l^2}{12}$

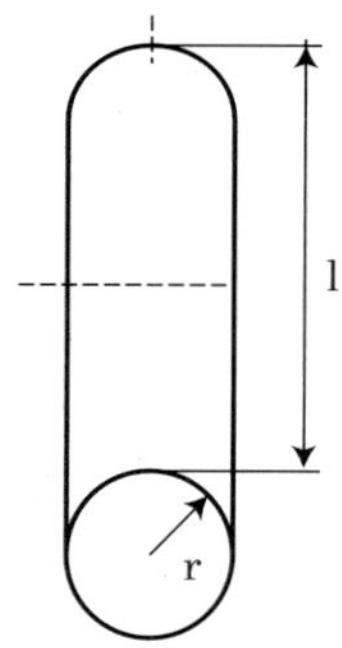

Hohler Zylinder:

$I = \frac{m}{2} \times (r_1^2 + r_2^2)$

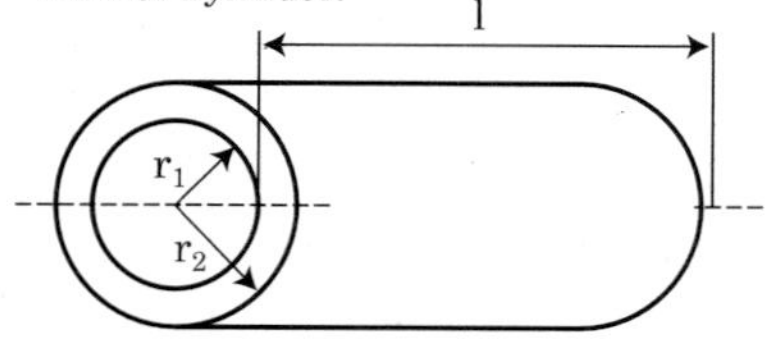

Massive Kugel:

$I = \frac{2 \times m \times r^2}{5}$

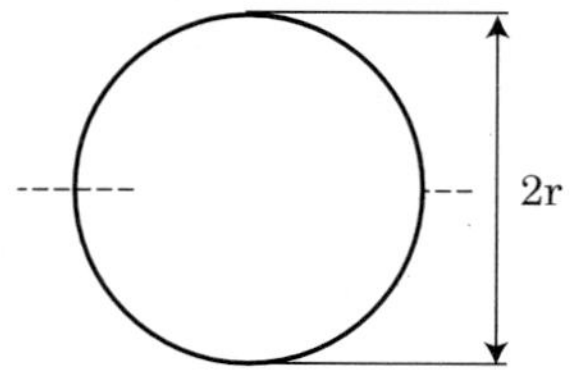

Abb. AI.02 Die Berechnung unterschiedlicher Trägheitsmomente

Wenn das Moment und die Beschleunigungsverhältnisse einer Anlage zu berechnen sind, ist es ein Vorteil, alle Massen und Trägheiten in ein gesamtes Trägheitsmoment auf der Motorachse zu verlegen.

$$J = J_1 + J_2 \times \left(\frac{\omega_2}{\omega_1}\right)^2 + I_3 \times \left(\frac{\omega_3}{\omega_1}\right)^2 + \ldots$$

J_1:	eigenes Trägheitsmoment des Motors usw.
J_2, J_3:	die einzelnen Trägheitsmomente im System
ω_1:	Winkelgeschwindigkeit des Motors usw.
ω_2, ω_3:	Winkelgeschwindigkeit der einzelnen rotierenden Körper usw.

Arbeit und Leistung

Die Arbeit, die ein Motor bei einer geradlinigen Bewegung ausführt, läßt sich als Produkt der Kraft in der Bewegungsrichtung »F« und dem Abstand »s«, den der Körper bewegt wird, errechnen.

$W = F \times s$ Bewegungslänge: s Maßeinheit: [m]
Arbeit: W Maßeinheit: [W × s]

Bei rotierenden Bewegungen wird die Arbeit als Produkt von Moment M und der Winkeldrehung (φ) berechnet. Eine Umdrehung = $2 \times \pi$ [rad].

$W = M \times \varphi$ Winkeldrehung: φ Maßeinheit: Winkeländerung
1 Umdrehung = $2 \times \pi$ [rad]

Die Arbeit, die von einem Transportsystem verrichtet wird, steigt mit der Zeit. Diese hat daher keinen maximalen Wert und ist keine einsetzbare Berechnungsgröße.
Die Leistung P gibt die Arbeit per Zeiteinheit an und hat einen maximalen Wert.
Bei einer gradlinigen Bewegung wird die Leistung als Produkt der Kraft in der Bewegungsrichtung und der Bewegungslänge per Zeiteinheit, der Geschwindigkeit »v«, berechnet.

$P = F \times V$ Maßeinheit: [W]

Entsprechend gilt für rotierende Bewegungen, daß die Leistung als Produkt von Moment und Bewegungslänge per Zeiteinheit, Winkelgeschwindigkeit ω, berechnet wird.

$P = M \times \omega$ Maßeinheit: [W]

Anhang II: Allgemeine Wechselstromtheorie

Wechselstrom wird mit AC (Alternating Current) bezeichnet und mit "~" symbolisiert. Er ändert sowohl seine Größe (Amplitude) wie auch seine Richtung.

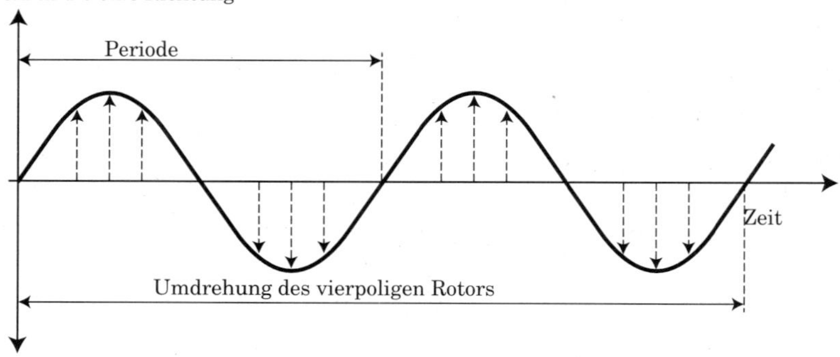

Abb. AII.01 Verschiedene Werte bei der Wechselspannung

Die Zahl der Perioden per Sekunde wird als Frequenz bezeichnet und in Hertz angegeben. 1 Hz = eine Periode per Sekunde. Die Dauer einer Periode ist die Periodenzeit, und wird wie folgt errechnet $T = \frac{1}{f}$

Bei einer Frequenz von 50 Hz ist die Periodenzeit 0,02 Sekunden.

Im Gegensatz zur Gleichspannung und zum Gleichstrom, die durch eine einzelne Größe charakterisiert werden, werden Wechselspannung und Wechselstrom durch mehrere Größen charakterisiert.

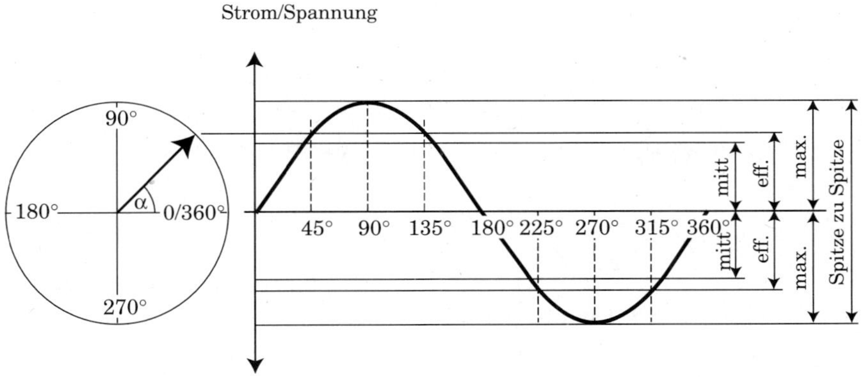

Abb. AII.02 Verschiedene Werte der Wechselspannung

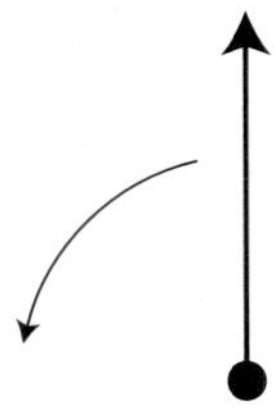

Abb. AII.03 Die Drehrichtung des Vektors ist gegen den Uhrzeigersinn

In der Regel wird der Effektivwert benutzt. Ein Wechselstrom von 1 A entwickelt die gleiche Wärme in einem gegebenen Widerstand wie ein Gleichstrom von 1 A.

Vektoren sind bei Wechselströmen und -spannungen sehr nützlich. Sie veranschaulichen den Zusammenhang zwischen Strom, Spannung und Zeit. Ein Vektor wird durch seine Länge und Drehrichtung charakterisiert. Die Drehrichtung ist gegen den Uhrzeigersinn.

Wenn ein Vektor eine ganze Umdrehung um seinen Startpunkt dreht, durchläuft die Vektorspitze einen Kreis, d.h. 360°.
Die Zeit für eine Umdrehung ist identisch mit der Periodenzeit der Sinuskurve. Die Geschwindigkeit des Vektors per Sekunde wird als Winkelgeschwindigkeit bezeichnet und mit dem griechischen Buchstaben ω angegeben. $\omega = 2 \times \pi \times f$.
Es gibt drei Formen von Wechselstrombelastungen.
Wenn die Belastung aus Spulen mit Eisenkern wie bei Motoren besteht, ist die Belastung überwiegend induktiv. Der Strom ist in diesem Fall zeitlich im Verhältnis zur Spannung verspätet.

Die Belastung kann kapazitiv sein. Hier ist der Strom zeitlich der Spannung voraus. Bei rein ohmscher Belastung gibt es keine Verschiebung zwischen Strom und Spannung.
Die Verschiebung zwischen Spannung und Strom wird als Phasenverschiebungswinkel bezeichnet und durch den griechischen Buchstaben φ angegeben.

Durch die Multiplikation der zusammengehörenden Werte von Strom und Spannung entstehen die Leistungskennlinien der drei Belastungsformen.

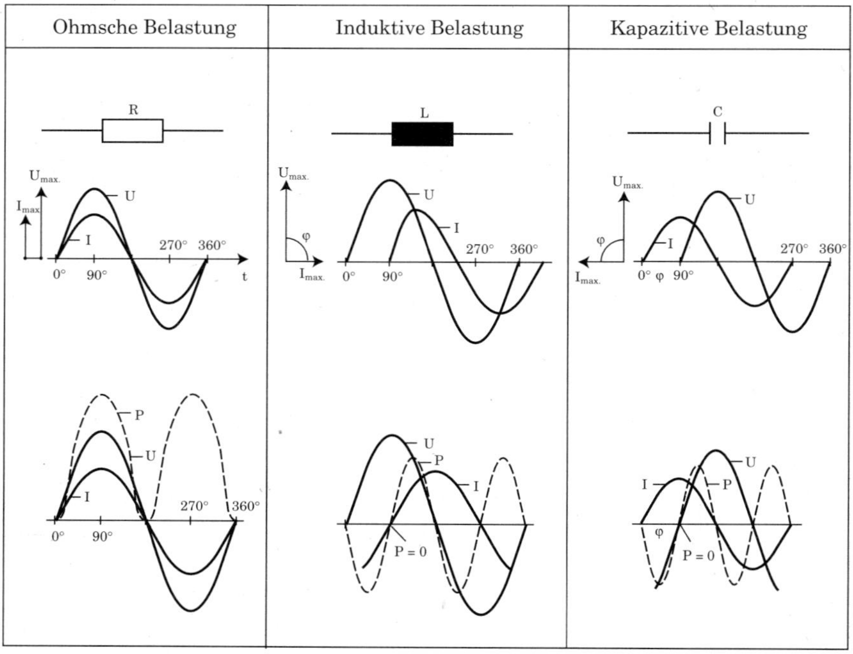

Abb. AII.04 Strom, Spannung und Leistung bei Belastung

Die »reinen« Belastungsformen sind nur theoretische Größen, wenn Wechselstromkreise beschrieben werden. Eine Belastung ist entweder ohmsch-induktiv oder ohmsch-kapazitiv.

Leistungsfaktor

Der Leistungsfaktor λ wird als das Verhältnis zwischen der Wirkleistung und der Scheinleistung definiert.
Er wird auch häufig cos φ genannt; aber cos φ ist nur für sinusförmige Ströme und Spannungen definiert.
Bei nicht linearen Belastungen wie dem Frequenzumrichter ist der Belastungsstrom nicht sinusförmig. Daher muß zwischen cos φ und dem Leistungsfaktor unterschieden werden.

$$\lambda = \frac{P}{I \times U} = \frac{I_W}{I}$$

P ist die Wirkleistung, I_W der Wirkstrom, I und U sind Effektivwerte.

φ bezeichnet den Phasenunterschied zwischen Strom und Spannung. Cos φ entspricht somit bei rein sinusförmigem Strom und Spannung dem Verhältnis zwischen Wirkleistung und Scheinleistung.

	Formelzeichen	Im allgemeinem	Einheit
Leistung	$P =$	$U \times I \times \cos\varphi = S \cos\varphi$	W od. kW
	$Q =$	$U \times I \times \sin\varphi = S \sin\varphi$	VAr od. kVAr
	$S =$	$U \times I = \frac{P}{\cos\varphi} = \frac{Q}{\sin\varphi}$	VA od. kVA
Spannung	$U =$	$\frac{P}{I \times \cos\varphi} = \frac{Q}{I \times \sin\varphi} = \frac{S}{I}$	V
Strom	$I_S =$	$\frac{P}{U \times \cos\varphi} = \frac{Q}{U \times \sin\varphi} = \frac{S}{U}$	A
	$I_W =$	$\frac{P}{U} = \frac{S \times \cos\varphi}{U}$	A
	$I_B =$	$\frac{Q}{I} = \frac{S \times \sin\varphi}{I}$	A
Phasenverschiebung	$\cos\varphi =$	$\frac{P}{U \times I} = \frac{P}{S}$	ohne Einheit
	$\sin\varphi =$	$\frac{Q}{U \times I} = \frac{Q}{S}$	ohne Einheit

Abb. AII.05

3-phasiger Wechselstrom

In einem 3-phasigen Spannungssystem sind die Spannungen 120° im Verhältnis zueinander verschoben. Die drei Phasen werden in der Regel im gleichen Koordinatensystem abgebildet.

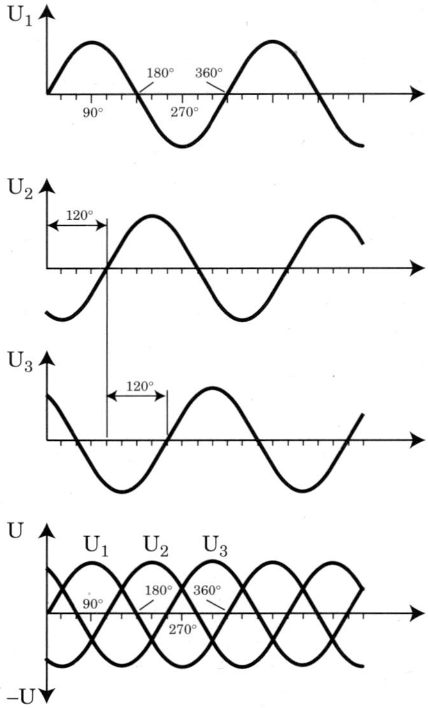

Abb.AII.06 Eine 3-phasige Wechselspannung besteht aus drei einzelnen zeitverschobenen Wechselspannungen

Die Spannung zwischen einem Phasenleiter und dem Nullleiter wird als Phasenspannung U_f bezeichnet und die Spannung zwischen zwei Phasen als Netzspannung U_N.

Das Verhältnis zwischen U_N und U_f ist $\sqrt{3}$.

Stern- oder Dreieckschaltung

Wenn ein Dreiphasen-Versorgungsnetz mit einem Motor belastet wird, sind die Motorwicklungen im Stern oder im Dreieck geschaltet.

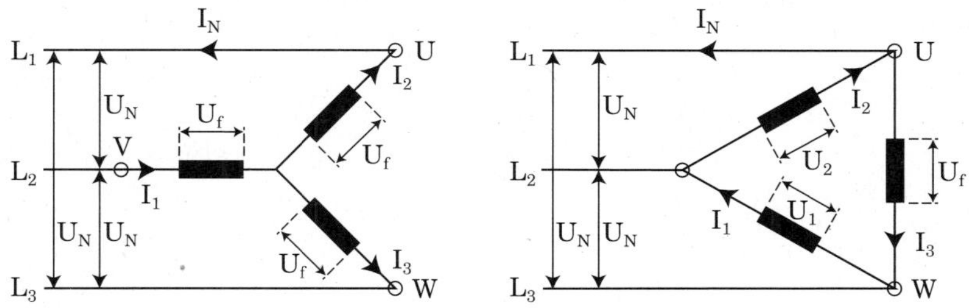

Abb. AII.07 Netz- und Phasenwerte bei Stern- bzw. Dreieckschaltung

Bei der Sternschaltung wird eine Phase an das eine Ende der Motorwicklungen geschaltet, während die anderen Enden kurzgeschlossen sind (Sternpunkt). Die Spannung über die einzelnen Wicklungen ist

$$U_f = U_f = U_f = U_f = \frac{U_N}{\sqrt{3}}$$

Für die Ströme gilt $I_1 = I_2 = I_3 = I_N$

Bei der Dreieckschaltung sind die Motorwicklungen in Serie geschaltet. Jeder Verbindungspunkt ist an eine Phase angeschlossen.

Die Spannung über die einzelnen Wicklungen ist

$$U_N = U_1 = U_2 = U_3$$

Für die Ströme gilt $I_1 = I_2 = I_3 = \frac{I_N}{\sqrt{3}}$

Anhang III: Allgemeine Abkürzungen

ASIC	Anwendungs Spezifische IC
CSI	»Current Source Inverter«
d	Strecke
DDC	Direct Digital Control
f	Frequenz
F	Kraft
g	Erdbeschleunigung
GD^2	Schwungmoment
I_1	Statorstrom
I_B	Blindstrom/Flußbildender Strom
I_L	Läuferstrom
I_M, I_S	Motorstrom (Scheinstrom)
I_N	Nennstrom
I_W	Drehmomentbildender Strom/Wirkstrom
I_φ	Magnetisierungsstrom
IC	Integrierte Schaltkreise
J	Trägheitsmoment
L	Induktanz
M	Drehmoment
M_a	Startmoment
M_{acc}	Beschleunigungsmoment
M_{dec}	Bremsmoment
M_k	Kippmoment
M_N	Nennmoment
n	Drehzahl
n_n	Nenndrehzahl
n_o	Synchrondrehzahl
n_s	Schlupfdrehzahl
p	Polpaarzahl
P	Leistung/Wirkleistung
P_1	Aufgenommene (Elektrische) Leistung
P_2	Abgegebene (Mechanische) Leistung
P_V	Verlustleistung
PS	Pferdestärke
r	Radius
R_{FE}	Gegenwidersand
s	Schlupf
S	Scheinleistung
SFAVM	Ständer Flußorientierte Asynchrone Vektor Modulation
S_M	Schienleistung (Motor)
SPS	Speicher Programmierbare Steuerung
t_{acc}	Beschleunigungszeit
t_{dec}	Verzögerungszeit
t_{off}	Zeittransistor Inaktiv
t_{on}	Zeittransistor Aktiv
U	Spannung
$\underline{U}_q$	Induktionsspannung
$\underline{U}_S$	Spannungsabfall (Ständer)
VVC	Voltage Vector Control
W	Arbeit
X_h	Gegenreaktanz
X_L	Reaktanz (Läufer)
Φ	Hauptfluß, Ständerfluß
Φ_L	Läuferfluß
η	Motorwirkungsgrad
ω	Winkelgeschwindigkeit

Anhang III: Allgemeine Abkürzungen 168

Literaturhinweise

Ergänzende Literatur:

P. Thøgersen, M. Tønnes, U. Jæger, S.E. Nielsen: *»New High Performance Vector Controlled AC-Drive with Automatic Energy Optimizer«* 6th European Conference on Power Electronics and Applications; Sept. 1995

S. Anderson og K. Jørgensen: *»Vekselstrømsmaskiner, -anlæg«* Polyteknisk forlag, 1985

P.F. Brosch: *»Frequenzumformer«,* Verlag moderne industrie, 1989

P.F. Brosch: *»Moderne Stromrichterantriebe«* Vogel Buchverlag 1992

ELFO: *»El-faglære«* Elinstallatørernes Landsforening, 1993

R. Fisher: *»Elektrische Maschinen«* Carl Hanser Verlag, 1986

W. Gilson: *»Drehzahlgeregelte Drehstromantriebe«* VDE-Verlag, 1983

E.v. Holstein-Rathlou: *»Stærkstrømselektroteknik«* J. Jørgensen & Co. Bogtrykkeri, 1939

K. Jark og A.H. Axelsen: *»Elektroteknik«* H. Hagerup, 1966

Thomas Kibsgård: *»EL Ståbi«* Teknisk Forlag A/S, 1988

U. Krabbe: *»Strømrettere«* Danmarks Tekniske Højskole, 1982

W. Norbøll: *»Elektricitetslære«* P. Haase & Søns Forlag, 1952

Sprecher + Schuh AG: *»Schütz-Steuerungen«* Sprecher + Schuh AG, 1982

J. Nedtwig, M. Lutz: *»WEKA Praxis Handbuch«* Weka Fachverlag für technische Führungskräfte, 1996

H.R. Schmeer: *»EMV 96«* VDE-Verlag, 1996

Stichwortverzeichnis